Manisha Sapkal
Ramchandra Sapkal

Isolamento e identificação de actinomicetos aquáticos

Manisha Sapkal
Ramchandra Sapkal

Isolamento e identificação de actinomicetos aquáticos

Uma abordagem completa

ScienciaScripts

Imprint
Any brand names and product names mentioned in this book are subject to trademark, brand or patent protection and are trademarks or registered trademarks of their respective holders. The use of brand names, product names, common names, trade names, product descriptions etc. even without a particular marking in this work is in no way to be construed to mean that such names may be regarded as unrestricted in respect of trademark and brand protection legislation and could thus be used by anyone.

Cover image: www.ingimage.com

This book is a translation from the original published under ISBN 978-3-330-35215-5.

Publisher:
Sciencia Scripts
is a trademark of
Dodo Books Indian Ocean Ltd. and OmniScriptum S.R.L publishing group

120 High Road, East Finchley, London, N2 9ED, United Kingdom
Str. Armeneasca 28/1, office 1, Chisinau MD-2012, Republic of Moldova, Europe
Printed at: see last page
ISBN: 978-620-7-66610-2

CONTEÚDO

Capítulo 1

INTRODUÇÃO

Os actinomicetos são bactérias gram-positivas não móveis e filamentosas. O crescimento dos actinomicetos é hifal e eles formam um micélio caraterístico dos fungos, as hifas são sempre de pequeno diâmetro e geralmente não excedem um mícron. Para além do crescimento hifal, os actinomicetos são capazes de produzir um micélio aéreo e conídios característicos das espécies fúngicas. Harz utilizou o termo Actinomyces (Gr. Actino-radial emanation e.g. light rays, mykes-frngus, daí ray frngus). Os actinomicetos partilham as características das bactérias e dos fungos, pelo que são conhecidos como fungos de raios. São gram positivos e libertam substâncias antibióticas. No entanto, verificou-se que o odor a terra do solo recentemente humedecido é um produto volátil do crescimento dos actinomicetos.

Os actinomicetos possuem características semelhantes às das bactérias e dos fungos

Os actinomicetos assemelham-se aos fungos nos seguintes aspectos

- Produzem micélio composto por hifas filamentosas ramificadas.
- Produzem esporos assexuados.
- O seu ritmo de crescimento é lento.

Os actinomicetos são bactérias devido às seguintes características

- Mostram a estrutura das células procarióticas.
- O diâmetro dos filamentos hifais é de um mícron ou menos.
- Os antibióticos antibacterianos inibem o crescimento dos actinomicetes.

1.1 Classificação:

1.1.1 Com base na estrutura hifal e reprodutiva, os actinomicetos são classificados em sete famílias.

1) Família : Streptomycetaceae :
   Hifas não fragmentadas; micélio aéreo com cadeia de esporos com 5 a 50 em número, por exemplo *Streptomyces.*
2) Nocardiaceae: hifas tipicamente fragmentadas, por exemplo, *Nocardia, Pseudonocardia*
3) Micromononsporaceae: Hifas não fragmentadas. Conídios isolados ou aos pares em cadeias curtas, por exemplo, *Micromonospora, Thermomonospora.*
4) Actinoplanaceae: Os esporângios contêm os esporos. Diâmetro hifal de cerca de 0,2 a 2μm.
5) Dermatophilaceae: Os fragmentos de hifas dividem-se para formar um grande número de estruturas redondas e móveis, por exemplo, *Geoderrmatophilus.*
6) Frankiaceaceace: Está estritamente associada à raiz de plantas não leguminosas e forma nódulos radiculares, por exemplo, *Frankia.*
7) Actinomicetáceas : Não produz micélio verdadeiro, normalmente é estritamente anaeróbio facultativo, por

exemplo, *Actinomicetos.*

São também classificadas com base no pigmento, na produção de antibióticos, na composição de bases do ácido desoxirribonucleico, na composição de açúcares da parede celular e de toda a célula e na composição lipídica

1.1.2 Com base no ADN 16S r, o grupo supragenérico inclui.

1) *Actinobactérias*
2) *Actinoplanetas*
3) *Esporângios multiloculares*
4) *Micropolissora*
5) *Nocardioformas*
6) *Nocardioides*
7) *Streptomyces.*
8) *Thermomonospora*
9) Outros.

1.2 Ocorrência:

Os actinomicetos representam um grupo ubíquo de bactérias que ocorrem numa multiplicidade de ambientes naturais e artificiais. (Goodfellow e Williams 1983).

Foram encontrados em diferentes nichos como o solo, o ar, a água doce, os oceanos e uma variedade de materiais como estrume, composto, resíduos de plantas e produtos alimentares. Os actinomicetos encontram-se em ambientes aquáticos e, consequentemente, no sistema de água potável (Burman 1973 e Leehevalier *et al.,* 1980), nas margens de lagos e rios. As comunidades vegetais nas margens de lagos e rios, particularmente onde o nível da água flutua, fornecem substratos e condições ideais para o crescimento e esporulação de actinomicetas (Silvey e Roach, 1975). Os actinomicetas são menos dominantes do que as bactérias e mais proeminentes do que os fungos, constituindo geralmente 10-50% da comunidade microbiana total determinada pelo método de plaqueamento, tanto em terras virgens como cultivadas. O seu número difere amplamente em diferentes tipos de solo, variando de 10^5 a 10^8/gm. em zonas temperadas. Foram registados baixos números de actinomicetos na Antárctida, em turfas ácidas e em solos com água. A sua ocorrência é máxima nos primeiros centímetros do solo e diminui com a profundidade. Em solos alcalinos e secos, a sua abundância relativa é elevada. Recentemente, ganharam especial atenção como indicadores de problemas de bolor em edifícios. (Samson *et al.,* 1994). Sabe-se que os esporos de actinomicetos são importantes contaminantes do ar em ambientes ocupacionais como a agricultura e instalações de compostagem de resíduos (Lacey 1989 e Nielsen *et al.* 1997). Não pertencem à flora microbiana normal do ar interior, mas foram encontrados em edifícios que sofrem de problemas de humidade e bolor (Cole *et al.* 1994 e Macher J. M. 1989)

O composto, as forragens e o solo parecem ser os principais reservatórios de *Streptomyces*, termófilos como *Thermoactinomyces* e *Saccharomonospora* e algumas espécies termófilas de *Microbispora, Micropolyspora, pseudonocardia Streptomyces* e *Thermomonospora* foram isoladas de substratos auto-aquecidos. Nos cogumelos e nos compostos, *os Thermonospora* são activos, ao passo que os *Streptomyces diasticus* e os *Thermoactinomycetes* predominam nos resíduos, nos riachos, nos compostos e nas suas poeiras. *Thermoactinomycetes vulgaris* é isolado de composto de relva (Forsyth e Webley 1948, Erikson 1952). *Thermomonospora curvata foi isolada* de composto de resíduos municipais.

Os actinomicetos estão amplamente distribuídos em habitats aquáticos. São referidos como actinomicetas aquáticos. Alguns destes actinomicetas são, de facto, a lavagem dos habitats terrestres circundantes. A ecologia de *Streptomyces* em ambiente aquático recebeu pouca atenção e muitas questões permanecem em aberto (Cross-1981, Goodfellow e Haynes 1984). Vários investigadores estudaram a ocorrência e a importância dos actinomicetas no ecossistema de água doce. Os géneros mais frequentes de actinomicetos em habitats de água doce incluem *Streptosporangium* e *Rhodococcus* (Williams e Cross 1971, Cross 1981, e Williams *et al.* 1983). As margens dos lagos e dos rios, as comunidades vegetais nas margens dos lagos e dos rios, particularmente onde o nível da água flutua, proporcionam o substrato e as condições ideais para o crescimento e a esporulação dos actinomicetos (Silvery e Roach, 1975). Os lagos pouco profundos, com temperaturas estivais elevadas e com um abastecimento de restos degradáveis de animais e plantas, proporcionam condições ideais para o crescimento de actinomicetos. Nos lagos, *os Actinoplanes* estão normalmente associados a galhos em decomposição e a folhagem alóctone depositada nas margens dos lagos (Willoughby 1969, 1971). A ocorrência *de Micromonospora* em sistemas lacustres foi confirmada (Plotter e Baker, 1956, Corberi e Solaini 1960, Johnston e Cross, 1976). Também está presente em riachos e rios (Burman 1973). A ocorrência de *Streptomyces, Rhodococci* e *Rhodococcus corprophilus* foi confirmada. (Aumen 1980, Rowbothan e Cross, 1977, Williams *et al.* 1983).

Géneros de actinomicetos como *Actinoplanes, Geodermatophilus, Microbispora, Micromonospora, Micropolyspora, Nocardia, Rhodococcus, Streptomyces, Streptosporangium, Streptoverticillium* e *Thermoactinomycetes* foram isolados de habitats marinhos (Grein e Meyers 1958, Weylan 1969, Cross e Johnston 1971, Good fellow e Williams, 1983, Ellaiah e Reday 1987)

O pigmento na classificação dos actinomicetes :

A cor tem pouco valor como critério básico na sistemática dos actinomicetos, embora seja de grande valor na identificação presuntiva de muitas espécies de actinomicetos, como *Streptomyces griseus esverdeado* e *Micromonospora bispora* rosado. A produção de pigmentos difusíveis, a cor do micélio aéreo e a cor do micélio do substrato são reconhecidas no caso dos *Streptomyces* (Shirling & Gottlieb 1966, 1970 Gottlieb & Shirling 1976)

1.3 Isolamento :

Os actinomicetos têm certas deficiências em comparação com os seus concorrentes fungos e bactérias. A sua taxa de crescimento radial é inferior à dos fungos e a sua taxa de produção celular é geralmente inferior à das bactérias. Assim, os métodos de isolamento (William S.T. e T. Cross 1971) devem ser concebidos para compensar a sua fraca capacidade competitiva em condições laboratoriais.

O isolamento de actinomicetos é geralmente conseguido através da aplicação de um procedimento adequado em várias fases do isolamento. Vários factores no isolamento de actinomicetos são: escolha do material, pré-tratamentos, meios selectivos, incubação e seleção de colónias.

1.3.1 Escolha do material:

Embora os actinomicetos sejam um grupo relativamente pequeno de bactérias, desenvolveram uma diversidade invulgar de formas e funções. Ocorrem em muitos habitats diferentes e a escolha do material é importante para o isolamento de actinomicetos mais recentes com metabolitos novos. Os actinomicetos únicos também podem estar presentes no solo, nas ilhas, no composto, no feno, nas plantas, nos animais, nas fontes termais, nos lagos, nos rios, nos sedimentos marinhos, nos biogases, etc. O material proveniente de locais muito diferentes tem mais probabilidades de produzir actinomicetos novos. (Nolan R.D. e T. Cross 1988)

1.3.2 Pré-tratamento:

Tabela 1: Pré-tratamento das amostras para obter os actinomicetos desejados

Sr.No.	Material	Pretreatment	Actinomycetes	Reference
1	Water, Soil, dung	Heating at 55 $^{\circ}$C for 6 min	*Rhodococcus*	Rowbotham *et al.*(1977)
2	Soil or roots	Heating at 40 $^{\circ}$C for 2-16 hrs.	*Streptomyces species*	Williams *et al.*(1978)
3	Soil	Heating at 100 $^{\circ}$C for 1 hrs.	*Actinomadura* *Microbispora*	Normura *et al*(1976)
4	Water	Heating at 60 $^{\circ}$C at 30 min	*Micromonospora*	Williams *et al.* (1972)
5	Leaf litter from water	Rehydration	*Actinoplanes*	Cross and Makkar (1986)
6	Water membrane filter	Membrane filter	*Micromonospora* *Thermotino mycetes*	Al – Diwany *et al.* (1978)
7	Soil	Nutrient enrichment with chitin	*Streptomyces species*	El – Nakeeb *et al.* (1963)
8	Soil	$CaCO_3$, To increase PH	*Streptomyces species*	El – Nakeeb *et al.*(1963)
9	Soil	Baiting,-paraffin coated rod in carbon free broth	*Nocardia*	Krup *et al.* (1971)
10	Soil & water	Pollen bait	*Ampullariella species*	Booth (1971)
11	Soil	Snake skin bait	*Ampullariella species*	Booth (1971)
12	Soil	Human Hair bait	*Pilimelia species*	Kane (1966)
13	Water	60 $^{\circ}$C – 10 min	*Micromonospora*	P.A. Hoskisson (1999)

1.3.3 Meios selectivos:

A composição do meio, os inibidores selectivos, a temperatura e o período de incubação são factores decisivos para o isolamento seletivo. Foram recomendadas muitas formulações de meios para o isolamento de um ou mais géneros de actinomicetos. Os meios mais utilizados incluem ágar sal mineral de quitina coloidal (Lingappa e Lockwood, 1962), meio de aspargina glicerol (Shirling e Gottlieb, 1966), amido caseína

agar (Kuster e Williams 1964) eM$_3$ -agar (Rowbotham e Cross,1977). De entre muitos

Os meios recomendados para o isolamento seletivo de actinomicetos do solo, o ágar de glucose e aspargina, o ágar de Grein e Meyer, o ágar de aveia e o ágar de Kuster foram considerados adequados para o isolamento de actinomicetos. Os melhores meios que permitiram um bom desenvolvimento de actinomicetos, suprimindo simultaneamente o crescimento bacteriano, foram os que continham amido ou glucose como fonte de carbono, com caseína e aspargina e nitrato como fonte de azoto. Foram utilizados compostos bacteriostáticos e fungistáticos nos meios para o isolamento seletivo de actinomicetos. (Kala R.R.,& Chandrika 1993)

No quadro - são apresentados alguns meios para o isolamento seletivo de actinomicetos (Bulock *et al.* 1982).

Quadro 2: Meios para o isolamento seletivo de actinomicetos.

Major constituents	Actinomycete genus	Reference
Colloidal chitin, mineral salts	*Streptomyces, Micromonospora*	Lingappa and Lockwood (1962)
Starch, casein, mineral salts	*Streptomyces, Micromonospora*	Kuster and Williams (1964)
M$_3$ agar, mineral salts, sodium propionate thiamine	*Rhodococcus Micromonospora*	Rowbotham and T. Cross (1977)
Half strength nutrient agar	Thermophilic, Actinomycetes	Gregory and Lacey (1963)
Glucose,aspargine, mineral salts, soil extract vitamins	*Actinomadura Microbispora Streptosporangium*	Normura and Hara (1969)
Diagnostic sensitivity test agar	*Nocardia*	Orchard and Goodfellow (1974)

A incorporação de antibióticos nos meios de isolamento é um meio eficaz de seletividade. Para tornar o meio de isolamento mais seletivo, são adicionados agentes antibacterianos que inibem as bactérias concorrentes, incluindo outros actinomicetos. A utilização de antibióticos antibacterianos pode facilitar o isolamento de determinadas espécies se os espectros de sensibilidade forem conhecidos. (Mayfield *et al.* 1972 Vickers *et al.* 1984). Os antibióticos antifúngicos, como a ciclohexamida (actidiona), a pimarcina, a micostatina e a griseofulvina, na concentração de 50-100 µg/ml (não inibem os actinomicetos), têm sido amplamente utilizados.

1.3.4 Purificação de actinomicetos a partir de bactérias e fungos:

São utilizados vários métodos para purificar os actinomicetos de outras bactérias e fungos.

1.3.4.1 A técnica da placa de decantação :

Nesta técnica, a separação dos actinomicetes é mais eficazmente conseguida em meios para o crescimento de actinomicetes. Para evitar a disseminação de colónias bacterianas, a superfície do meio deve ser seca.

1.3.4.2 Outras técnicas :

Para separar as estirpes de *Streptomyces* das bactérias, pode ser utilizado um método descrito por Gottlieb e Craveri (1957). Cortam-se pequenos pedaços de meio que contém esporos de *Streptomyces* da cultura e colocam-se no fundo de um tampão de algodão num tubo de meio sólido inclinado. O tubo é então batido suavemente para que alguns esporos caiam no meio, enquanto as bactérias são menos facilmente deslocadas. Se necessário, o procedimento pode ser repetido várias vezes. O simples cultivo das culturas mistas nas condições relevantes pode muitas vezes purificar os actinomicetos anaeróbios, termofílicos e autotróficos.

1.4 Cultivo de actinomicetos:

Os vários meios nutritivos selectivos utilizados para o isolamento de actinomicetos que suprimem outros contaminantes não são úteis para demonstrar um micélio aéreo típico e para produzir um elevado rendimento de esporos dos isolados de actinomicetos. Por conseguinte, são utilizados meios especializados para obter um desenvolvimento adequado da cultura.

1.4.1 São geralmente utilizados os seguintes suportes.

1. Ágar sintético (Lindenbein,1952)
2. Ágar de Hickery e Tresner (Hickery e Tresner 1952)
3. Ágar de extrato de malte de levedura (Pridham *et al.*, 1957)
4. Ágar de extrato de solo (Gordon e Mihm 1962)
5. Ágar-sal de carne de milho (Cross *et al.* 1963)
6. Ágar amido-caseína (Williams 1964)
7. Ágar glicerol aspargina (Shirling e Gottlieb 1966)
8. Ágar de utilização de carbono (Shirling e Gottlieb 1966)

1.4.2 Meios para esporulação e transferência :

Embora o crescimento ocorra na maioria dos meios, a produção de esporos é geralmente mais prolífica naqueles com uma elevada relação carbono - azoto (Kutzner, 1981), exemplos bem conhecidos são ,

a. Ágar de Benette modificado (Jones 1949)
b. Ágar batata-raiz (Cross *et al.* 1963)
c. Ágar farinha de aveia (Shirling e Gottlieb 1966)
d. Ágar glicerol aspargina (Shirling e Gottlieb 1966)

1.4.3 Conservação de actinomicetos:

A transferência de culturas de actinomicetos a cada 2-4 meses para um meio de ágar adequado, com armazenamento a 4° C entre transferências, é satisfatória. A preservação de actinomicetos esporulados e não esporulados pode ser obtida por liofilização ou armazenamento em azoto líquido. O congelamento de suspensões em 20% (v/v) de glicerol a - 20° C a - 40° C provou ser muito útil (William e Cross, 1971)

1.5 Aplicações dos Actinomicetos:

1.5.1 Antibióticos:

Os actinomicetos forneceram muitos compostos bioactivos importantes de elevado valor profilático e terapêutico e estão continuamente a ser analisados para a obtenção de novos compostos. Os actinomicetos foram descritos como a maior fonte de antibióticos. Walkman e Henrici, no início da década de 1940, introduziram os estreptomicetas no seu programa de rastreio sistemático de novos antibióticos, tendo as estirpes de *Actinosporangium* produzido genimicina e hepcina. (334,398) *Kitasatoa kauaiensis*; verificou-se que as estirpes 1-337 e KA-281 produzem o polieno antifúngico, fradicina, juntamente com cloranfenicina, bottromicina A2 e bottromicina B(1, 154, 246, 247). Os não-Streptomicetas e os não-Streptoverticillium também produzem antibióticos.

Os actinomicetos forneceram cerca de dois terços (>4000) dos antibióticos naturais. Muitos deles são importantes para a medicina, como os aminoglicosídeos, as antraciclinas, o cloranfenicol, os β-lactâmicos, os carbapenâmicos, os macrólidos, as tetraciclinas, os nucleósidos, os péptidos, as quinonas, os polienos e os poliéteres. (Okami e Hotta, 1988) Os actinomicetos raros, como *Actinomadura, Actinoplanes, Ampullariella, Actino synnema, Dactylosporangium, Kibdelosporangium, Micromonosposa, Nocardia, Nocordiopsis e Pseudonocardia,* produzem novos antibióticos (Nisbet 1982).

1.5.2 . Enzimas:

Os actinomicetos são uma fonte promissora de uma vasta gama de enzimas importantes. Várias enzimas produzidas por actinomicetos estão a tornar-se industrialmente importantes para o fabrico de produtos ou para o diagnóstico clínico. Atualmente, as enzimas de origem microbiana são amplamente utilizadas na transformação de alimentos, no fabrico de detergentes e nas indústrias têxtil e farmacêutica.

1.5.3 Degradação:

Algumas espécies de actinomicetas desempenham um papel importante na degradação do óleo, do petróleo e de outros hidrocarbonetos, o que constitui um grande problema de poluição no ecossistema marinho. Para além disso, os metabolitos são também úteis na nutrição animal. Os actinomicetos constituem um grupo importante de microrganismos com um enorme potencial na biotransformação no solo e na biodegradação de xenobióticos como os pesticidas.

1.5.4 Acumulações de metais:

É bem conhecido o facto de os microrganismos terem uma elevada afinidade pelos metais e poderem acumular metais pesados e tóxicos através de uma variedade de mecanismos (Higham *et al.* 1985). Muitas indústrias, incluindo a mineira e a galvanoplastia, descarregam efluentes aquosos que contêm níveis relativamente elevados de metais pesados, como o urânio, o Cd, o Hg e o Cu. Os efluentes não tratados destes processos de fabrico têm um impacto adverso no ambiente. (Macaskie L.E. 1984, Malone, C.K.1989, Nakajime, A. 1986, Norberg A. Scott J. A. 1986, Silver S. 1992) Foram concebidos métodos físicos e químicos para remover iões metálicos dos efluentes mas, em geral, estes métodos são comercialmente impraticáveis, quer devido ao elevado custo de funcionamento, quer devido à dificuldade de tratar os resíduos sólidos gerados (Macaskie e Dean 1984, Silver 1991). A biorremediação de resíduos industriais contendo metais pesados foi demonstrada por várias empresas de biotecnologia que empregam a bioacumulação, a biossorção e a bioprecipitação utilizando microrganismos. (Lovely, Phillips, Gorby e Landa 1991)

1.5.5 . Metabolitos secundários activos dos mosquitos:

Entre os micróbios, os fungos e os actinomicetas são mais conhecidos pela sua capacidade de produzir uma grande variedade de metabolitos secundários (Rose, 1979; Vining, 1990). Também provaram ser uma fonte de agentes poderosos, que podem ser usados no controlo de pragas e parasitas. As propriedades biológicas dos metabolitos secundários dos fungos variam desde antibióticos a micotoxinas (Rose, 1979; Cole e Cox, 1981). Estes têm sido relatados como causadores de retardamento do crescimento, baixo nível de fecundidade, perda de fertilidade, mortalidade, repelência, etc. Os metabolitos secundários de espécies de *Aspergillus, Penicillium, Fusarium, Paeciloyces, Rhizopus, Amanita, Syncephalastrum, Monilia* e *Tolypocladium* foram considerados tóxicos para os mosquitos (Robets, 1981; Mishra *et al.*, 1987; Weiser e Matha, 1988).

Os metabolitos secundários dos actinomicetos, tetranectina (Ando, 1983), avermectinas (Pampiglione *et al*, 1985), faerifungina (Anon, 1990) e macrotetrolídeos (Zizka *et al.*, 1989) e flavonóides (Rao *et al*, 1990) produzidos, respetivamente, por *Streptomyces aureus, Streptomyces avermitilis, Streptosporangium albidum, Streptomyces griseus* e *Streptosporangium albidum, Streptomyces griseus* e *Streptomyces sp.* foram considerados tóxicos para os mosquitos. Também foi referido que os metabolitos secundários de *Micromonospora, Actinomadura, Actinoplanes, Micropolyspora, Nocardiopsis, Oerskonia, Thermomonospora, Streptoverticillium e Chainia* são tóxicos para as larvas de mosquito. Vijayan e Balaraman (1991) estudaram as actividades ovicida, larvicida e adulticida dos metabolitos de fungos e actinomicetas contra *Culex quinquefasciatus, Anopheles stephensi e Aedes aegpti.* Verificou-se que os metabolitos de 34 fungos e 3 actinomicetas, 133 fungos e 35 actinomicetas e 17 fungos mataram os ovos, as larvas e os adultos, respetivamente. As espécies de fungos e actinomicetos, que exibiram atividade mosquitocida, estão listadas na Fig. 3 e Fig. 4.

Tabela.3 : Fonte de metabolitos fúngicos activos contra ovos/larvas/adultos de mosquitos

Alternaria	*Aspergillus*
Botrytis	*Cladosporium*
Chaetomium	*Fusarium*
Geotrichum	*Gliocladium*
Heterosporium	*Paecilomyces*
Penicillium	*Sporotrichum*
Sporothrix	*Trichothecium*
Trichoderma	*Thielavia and Trichosporium*

Quadro 4: Fonte de metabolitos de actinomicetos activos contra ovos/larvas/adultos de mosquitos

Actinomadura	*Actinoplanes*
Amorphgosporangium	*Ampullariella*
Dactylosporangium	*Eytrosporangium*
Micromormospora	*Microbiospora*
Nocardia	*Planomonospora and Streptomyces*

1.5.6 Microscopia Eletrónica de Varrimento:

A microscopia eletrónica de varrimento (SEM) é uma das técnicas mais utilizadas para a caraterização de nanomateriais e nanoestruturas. A resolução do MEV aproxima-se de alguns nanómetros e os instrumentos podem funcionar com ampliações que são facilmente ajustadas de ~10 a mais de 300.000. Esta técnica fornece não só informação topográfica como fazem os microscópios ópticos, mas também informação sobre a composição química perto da superfície. Um microscópio eletrónico de varrimento pode gerar um feixe de electrões que varre para trás e para a frente sobre uma amostra sólida. A interação entre o feixe e a amostra produz diferentes tipos de sinais que fornecem informações detalhadas sobre a estrutura e a morfologia da superfície da amostra. Quando um eletrão do feixe encontra um núcleo na amostra, a atração coulombiana resultante leva a uma deflexão na trajetória do eletrão, conhecida como dispersão elástica de Rutherford. Uma fração destes electrões será completamente retrodifundida, reemergindo da superfície incidente da amostra. Uma vez que o ângulo de dispersão depende do número atómico do núcleo, os electrões primários que chegam a uma dada posição do detetor podem ser utilizados para produzir imagens que contêm informação topológica e composicional.(G. Lawes, 1987) Os electrões incidentes de alta energia podem também interagir com os electrões da banda de condução da amostra que se encontram fracamente ligados. No entanto, a quantidade de energia fornecida a estes electrões secundários em resultado das interacções é pequena, pelo que o seu alcance na amostra é muito limitado. Assim, apenas os electrões secundários que são produzidos a uma distância muito curta da superfície são capazes de escapar da amostra. Como resultado, podem ser obtidas imagens topográficas de alta resolução neste modo de deteção. (D.E. Newbury *etal.* 1986)

Amostras processadas para SEM

Uma secção das pilhas dos espécimes recolhidos foi fixada no campo utilizando 1ml de paraformaldeído-glutaraldeído 2,5%-2,0%, pH 7,2. Após 48 horas de fixação, as amostras foram lavadas três vezes com tampão fosfato ($NaPO_4$ -pH 7,2) para remover o excesso do fixador. Foi efectuada uma série de desidratações em álcool (etanol) durante 45 minutos, com variações de 10%, 25%, 35%, 45%, 55%, 65%, 75%, 85%, 95% e três limas com etanol a 100%. Seguiu-se a secagem em ponto crítico e as amostras foram colocadas em stubs de alumínio de 15mm (Electron Microscopy Science - EMS) usando fita de carbono de dupla face (EMS) e revestidas com ouro-paládio durante três minutos. As amostras secas (não fixadas no campo), descritas no capítulo 2, foram rehidratadas com KOG (3-5%) e fixadas em paraformaldeído-glutaraldeído 2,5%-2,0%, pH 7,2.

Obteve-se um método simples para a preparação de lâminas de Agaricales sem a utilização de OsO_4 . No caso das Agaricales, a fixação e o processamento mantiveram a integridade da amostra, mantendo, por exemplo, os basidiósporos unidos ao esterigma. Em contrapartida, as amostras não fixadas no campo (amostra seca), apresentaram estruturas quebradas, alterações morfológicas e estruturas reprodutoras colapsadas. O tempo de incubação de 45 minutos em cada concentração de álcool no processo de desidratação mostrou-se adequado.

Capítulo 2

REVISÃO DA LITERATURA E OBJECTIVOS

1. Ocorrência e abundância de actinomicetos em lagos:

Stark e McCoy (1938) referiram a distribuição de bactérias, incluindo actinomicetas, em certos lagos do norte do Wisconsin. Umbreit e McCoy (1941) relataram a ocorrência de actinomicetos do género *Micromonospora* em amostras de lagos do Wisconsin e do fundo de lagos. Concluíram a predominância de Micromonosporae (10-50% da população microbiana total) em ambientes aquáticos. Eriksson (1941) estudou dez estirpes de *Micromonospora* da lama do lago do Wisconsin. Verificou que as suas estirpes de Micromonosporaceae cresciam num certo número de substratos naturais, tais como celulose, lenhina, quitina, açúcares e álcoois de açúcar e sob tensão reduzida de oxigénio, tendo observado que se formava um pigmento vermelho solúvel em meios de tirosina.

Colmer e McCoy (1943) continuaram o estudo efectuado por Umbreit & McCoy (1941) sobre a relação de Micromonosporaceae com a população microbiana de alguns lagos do Wisconsin. Cross e Collins (1966) relataram a presença de *Micromonospora* num lago interior. Willoughby *et.al.* (1969) estudou actinomicetos aquáticos de componentes de folhas alóctones. Verificou que *os actinobactérias* estavam normalmente associados a galhos em decomposição e a folhas alóctones depositadas nas margens de lagos e rios.

A diferenciação entre os dois grupos filogenéticos é possível através da determinação dos tipos de parede (Lechevallier *et al.* 1971). Por outro lado, o tipo de parede II está tipicamente associado à ausência de micélio aéreo verdadeiro nos *Actinoplanetes* e o tipo de parede III à especulação sobre o micélio aéreo nos Maduromycetes. É possível afetar o isolado desconhecido apenas por razões morfológicas. . L.G. Willoughby (1971) observou alguns actinomicetos aquáticos isolados de riachos e rios. Na sua investigação, concluiu que os actinomicetos da família actinoplanaceae, especialmente os actinoplanes, são facilmente isolados das águas correntes dos rios e ribeiros locais e parece claro que estes ambientes são favoráveis à colonização por estes organismos. Também relatou que os actinoplanes utilizam a madeira como substrato de crescimento. Alguns outros actinomicetos aquáticos de afinidade menos certa também demonstraram ser capazes de crescer na madeira em condições de cultura pura. D.W. Johnston e T. Cross (1976) estudaram actinomicetos na lama de um lago no oeste da Escócia e relataram que a estirpe *Micromonospora* estava presente como uma mistura de micélio e que os Nocardioformes pareciam estar sob a forma de artrósporos ou esporos de fragmentação, respetivamente. As estirpes de *Micromonospora* originalmente isoladas de lagos foram capazes de crescer tanto em lamas nativas como enriquecidas incubadas em laboratório. Os números de Streptomycetes e Nocardioformes não aumentaram nestas lamas e presume-se que sejam relativamente inactivos neste habitat. Finalmente, postulam que as estirpes *de Micromonospora* têm um papel ativo no ambiente lacustre, bem como no solo.

Rowbothan e Cross E. T. (1977) relataram um actinomiceto Nocardioforme aeróbico, *Rhodococcus coprophilus* sp.nov. Referiram ainda que *Rhodococcus coprophilus* é um habitante de excrementos de herbívoros. Contamina as gramíneas e o feno, sobrevive à passagem através do rúmen e dos intestinos dos ruminantes e é transportado através do estrume nos campos de efluentes agrícolas para massas de água devido ao escoamento superficial. Mara e Oragui (1981) registaram a ocorrência de *Rhodococcus coprophilus* em fezes de animais de criação, aves de capoeira criadas na proximidade de animais de criação, água doce e águas residuais poluídas com resíduos fecais de animais. Cross (1981) apresentou a ocorrência, o crescimento e o papel dos actinomicetas em habitats aquáticos. Dott e Waschko-Dransmann (1981) isolaram diferentes espécies de actinomicetos na água bruta e descobriram que *os Streptomyces* produzem um odor a terra e a mofo, enquanto algumas espécies de *Nocardia* são capazes de produzir um odor fonético. Makkar e Cross T. (1982) registaram a presença de *actinobactérias* em folhada de plantas de habitats de água doce e no solo.

Szabo (1984) estudou o material de lama húmida do lago Balaton e verificou que os actinomicetos constituem cerca de 25-30% desta comunidade de lama e não mais de metade pertencem ao género *Micromonospora.* Jiang e Xu (1989) estudaram os actinomicetos de 12 grandes lagos do planalto de Yunnan, na China. Eles descobriram que *Micromonospora* é dominante em amostras bentónicas retiradas de todos os 12 lagos e a população de actinomicetos varia de 2331 a 3 5 42 X 10^3/g de peso seco de lama. Os seus isolados pertencem a cinco géneros, *Actinomadura, Microtetraspora Micropolyspora Saccharomonospora* e *Sacharro polyspora.*

Identificaram cinco novas espécies, nomeadamente *Micromonospora phaeoviride, Saccharomonospora yunnanesis, Microtetraspora flavoroseq, Actinomadura chenghaiensis e Actinomadura viridoflava.* Verificaram também que os actinomicetos de água doce produzem vários metabolitos úteis, como a fibrinolisina e a enzima de coagulação de moinhos. Agrawal P e M. Good fellow (1990) utilizaram o tratamento térmico seco para amostras de solo secas ao ar, regimes de pré-tratamento adicionais e placas de diluição com meios sintéticos selectivos para isolar seletivamente estirpes de *Microbiospora, Microtetraspora e Streptosporangium.* Sigh *et al.* (1991) registaram actinomicetos hemofílicos associados ao ambiente agrícola do estado de Punjab (Índia). Referiram ainda que *Thermoactinomyces vulgaris* era a espécie predominante com 87,5, 87,1 e 100% de prevalência no solo, no estrume natural e no campo de trigo, respetivamente.

Jensen *et. al.* (1991) isolaram grupos de *Actinoplanetes* e *Streptomycetes* de sedimentos marinhos próximos da costa recolhidos em 15 ilhas das Bahamas. Verificaram ainda que o número máximo de Actinomycetes ocorre nos locais de amostragem pouco profundos e profundos e que se regista uma diminuição rápida dos *Streptomycetes* e um aumento dos *Actinoplanetes* com o aumento da profundidade.

Takizawa *et al.*, (1993) estudaram a diversidade de actinomicetas na Baía de Chesapeake. Registaram uma contagem de actinomicetos na ordem de 1,8X10^2 a 1,2X10^5 CFU /ml no sedimento e os actinomicetos constituem 0,15% a 8,63% da comunidade microbiana cultivável. Verificaram ainda que, de um total de 298 isolados, 249 eram *Actinoplanetes*, B. Petrolini (1995) e colaboradores afirmaram que, devido às peculiaridades da estrutura reprodutiva, os actinomicetes esporangiados com múltiplos esporos são facilmente reconhecíveis através do exame das colónias por microscopia ótica. Observaram ainda que os actinomicetos formadores de esporângios estão incluídos nos *Actinoplanetes* (Vobis, 1989) e *Maduromycetes* (Goodfellow, 1989), grupos saprogénicos que podem ser distinguidos através de procedimentos químicos, moleculares, genéticos e fenéticos.

Ellaiah *et al.* (1996) isolaram cinco *Streptomyces* sp. em meio de ágar amido-caseína de sedimentos marinhos da costa de Madras. Verificaram que, dos cinco isolados, três apresentavam uma atividade antibacteriana de largo espetro muito boa. Hiorns *et.al,* (1997) relataram que a diversidade bacteriana em sete lagos nas montanhas Adirondack do estado de Nova Iorque foi revelada por sequências do gene 16s rDNA e encontraram diversos colectivos de linhagens, em grande parte da classe proteobacteria (19% subdivisão alfa, 31% subdivisão beta e 9% subdivisão gama), o filo cytophaga, flavobacteria, bacterioides (15%) e a ordem actinomycetales (18%). Lia e Li (1998) isolaram e identificaram 120 estirpes de actinomicetas mesófilos, termofílicos e tolerantes aos álcalis pertencentes a *Nocardiopsis Micromonospora, Actinomaduras e Streptomyces* do lago salgado de Yun Cheng em Shanxi. Xu *et al.* (1998) isolaram muitos actinomicetos termófilos de amostras colhidas numa fonte termal, num lago e no solo em Yunnan, China, e descreveram uma nova espécie *Streptomyces thermogriseus* spp. Wahl e McArthur (1998) isolaram 32 estirpes de actinomicetos associadas a macrófitas de água doce submersas de três riachos localizados nas instalações do Departamento de Energia dos EUA no rio Savannah, no sul da China.

Debra L wohl *et al.*, (1998) estudaram a flora de actinomicetos associada a macrófitas submersas de água doce. Concluíram que os fragmentos de plantas foram submetidos a uma vasta gama de medidas selectivas a fim de obter a maior diversidade e o melhor método de isolamento. Foi isolado um total de 433 colónias de actinomicetos, que incluem 32 estirpes distintas. Os cursos de água, as plantas e os tipos de tecidos vegetais tiveram todos um efeito na presença, distribuição e diversidade dos actinomicetos.

Lawson *et al.* (2000) relataram duas novas espécies de actinomicetos, *Nocardiodes aquaticus* sp. Nov. do lago Ekhe Antártico hiper-salino heliotérmico e meromítico. Os *Streptomyces* foram os segundos organismos mais abundantes. Referiram ainda que a diversidade e as contagens de actinomicetos variavam com a estação do ano e que a diversidade de actinomicetos era mais complexa em parcelas de águas pouco profundas (3-3-5m), enquanto a diversidade de actinomicetos era relativamente monótona em parcelas de águas profundas (28-32m). Terkina *et al.*, (2002) isolaram 107 estirpes de actinomicetos dos sedimentos de fundo e da água do lago Baikal. Verificaram que a maioria dos isolados da água pertence ao género *Streptomyces* e a maioria dos isolados do sedimento pertence ao género *Micromonospora*. Verificaram também que o número de actinomicetos aumentava com a profundidade (até 200 m) nos sedimentos.

2.1 Método de isolamento

Crooke *et al.*, (1950) referiram que o propionato de sódio inibia o crescimento de fungos e permitia o crescimento de actinomicetes quando incorporado em ágar de glucose e aspargina a uma concentração de 0,4%. Philips e Hanel (1950) incorporaram cicloheximida no meio para inibir o crescimento de fungos. Dulaney et al., (1955) incorporaram actidione (cicloheximida) no meio nutriente para inibir o crescimento de fungos e, para permitir o desenvolvimento seletivo de actinomicetes, recomendaram uma mistura de antibióticos antibacterianos e antifúngicos. Rehack *et al.*, (1959) separaram os esporos de actinomicetes de outros propágulos por centrifugação. Tasao *et al.*, (I960) verificaram que a adição de Cac03 em solo seco ao ar re-humedecido aumentava o desenvolvimento de actinomicetes a 38^0 c incubação. Lingappa e Lockwood (1962) recomendaram a quitina como única fonte de carbono e azoto para o isolamento de actinomicetos. Agate e Bhat (1963) trataram amostras de solo a 110° C durante 10 minutos e utilizaram placas secas para suprimir bactérias e fungos durante o isolamento de actinomicetas. Kuster e Williams (1964) encontraram a mistura de glicerol, caseína e nitrato como a combinação mais selectiva para o isolamento de actinomicetos. Willoughby *et al.*, (1966) observaram esporângios de *Actinoplanetes* na água que cresciam em iscos, tais como grãos de pólen, sob lentes objectivas de alta potência com uma longa distância de trabalho. Cross T *et al.*, (1968) recomendaram que 258mg/ml de novobiocina para o isolamento seletivo de Thermoactinomycetes...

Ivanitskaia *et al.*, (1978) relataram o uso de meios selectivos com gentamicina para o isolamento de Micromonospora. 0kami e Okazaki (1978) usaram a técnica de centrifugação para o isolamento de *S/rep/omyces* da água do mar e da lama marinha. Makkar e Cross T. (1982) desenvolveram um método para o isolamento de Actinoplanetes em que o material de origem é seco e subsequentemente desidratado em condições controladas para reduzir os contaminantes. Galatenko e Terekhova (1990) isolaram actinomicetos produtores de antibióticos de amostras de solo expostas à luz UV. Descreveram a sensibilidade de *S/rep/omyces* e a estabilidade de outros actinomicetos como *Micromonospora, Amycolatopsis* e *Nocardia* à luz U.V. Terekhova *et al.* (1991) relataram que a tobramicina e a novobiocina pareciam ser os agentes selectivos mais úteis para o isolamento de actinomicetos de géneros raros. Verificaram que a tobramicina a uma concentração de 10mg/ml favorecia a deteção de *Micromonospora, Amycolatopsis, Streptosporangium* e *Nocarcdiopsis* e a novobiocina favorecia a deteção de *Amycolatopsis* e *Micromonospora.* Agrwal P e M Good fellow (1998) referiram que, para o isolamento seletivo de estirpes de *Microbipora, Microtetraspora* e *Streptosporangium, foi* utilizado o tratamento térmico do ar, amostras de solo secas como pré-tratamento adicional e a técnica de diluição em placas com meios selectivos

.2.2 **Meios nutritivos para o isolamento de actinomicetes:**

Kuster e Grein (1955) efectuaram um estudo comparativo de meios para a preparação de culturas de actinomicetos para estudos morfológicos e fisiológicos. Verificaram o desenvolvimento do mesmo tipo de micélio de substrato, micélio aéreo e esporos em ágar de aveia e ágar de batata. Gadgil *et al.*, (1959) utilizaram um meio de caseína de amido para o isolamento de estirpes de Micromonospora de amostras colhidas a várias profundidades no lago Blelham, no Irão. Willoughby *et al.*, (1966) utilizaram ágar amido caseína e ágar quitina para o isolamento de actinoplanetas. Ghule *et.al* (1968) utilizaram vários meios para o isolamento de actinomicetos, nomeadamente ágar nutriente, ágar de Jensen, ágar glicerol aspargina e ágar M2 e concluíram que o ágar glicerol aspargina é o melhor meio.

Williams e Cross (1971) descreveram nutrientes altamente proteicos para o isolamento de actinomicetes termofílicos (Uradi e Tetrault 1959), um meio complexo contendo extrato de estrume, melaço e oligoelementos para o isolamento de actinomicetes termofílicos, ágar de albumina de ovo e caseinato de sódio contendo ciclohexímida para o isolamento de actinomicetes de fontes de água (Safferman e Morris 1962) e meio de peptona de milho com 1% de amido (Agre 1964). Konde *et.al.*(1978) utilizaram ágar nutriente de sacarose, ágar glicerol aspargina e ágar de extrato de solo para a contagem de actinomicetes e concluíram que o ágar nutriente de sacarose é o melhor meio para a contagem de actinomicetes. Kulkarni e Deshmukh (1999) relataram um meio nutritivo economicamente barato preparado a partir de leite de coco para o isolamento de rotina de actinomicetos.

2.3 Composição da parede celular e padrão de açúcares da célula inteira como critérios na classificação dos actinomicetos:

Cummins e Harris (1956) registaram a presença de ácido diaminopimélico na parede celular de actinomicetos. Hoare *et al.* (1957) registaram a presença de ácido diaminopimélico na parede celular de actinomicetos e a presença de quantidades iguais de formas meso e L- de DAP na parede celular de *Micromonospora.* Cummins e Harris (1958) encontraram L-DAP como os principais constituintes da parede celular de *Micromonospora.* Jougstetter *et.al* (1961) relataram a presença de meso DAP no hidrolisado da parede celular de cinco estirpes de *Micromonospora.* Cummins *et.al.* (1962) diferenciou *Streptomycetes* e *Nocardia* com base na composição da parede celular. Encontrou arabinose, galactose, alanina, ácido glutâmico e ácido DL diaminopimélico na parede celular de

Nocardia. Verificou ainda que a alanina, o ácido glutâmico, a glicina e o ácido L-dipaminopimélico ou uma mistura de ácido L e D-dipaminopimélico sem açúcar na parede celular de *Streptomycetes.*

Becker *et al.*, (1965) e Yamaguchi (1965) referiram quatro grupos de actinomicetas aeróbicos com base na análise da parede celular. Suput *et al.* (1967) consideraram que a composição da parede celular era o carácter útil na classificação dos actinomicetos. Prauser e falta (1968) referiram a importância da composição da parede celular e do padrão de açúcares em toda a célula, bem como do padrão de açúcares em toda a célula e de outros critérios, tais como a sensibilidade a fagos, na classificação de certas estirpes de *estreptomicetas* e *actinomaduras*. Lechevalier *et.al* (1968) analisaram actinomicetos aeróbicos relativamente aos padrões de açúcares nas células inteiras. Lechevalier e Lechevalier (1970) classificaram os actinomicetos em 4 grupos com base no padrão de açúcares das células inteiras

I. O tipo A contém galactose, arabinose, mas não contém xilose
II. O tipo B contém madurose, mas não contém arabinose nem xilose
III. O tipo C não contém açúcares.
IV. O tipo D contém xilose e arabinose.

Lechvalier e Lechevalier (1970) determinaram o hidrolisado de 600 estirpes de actinomicetos aeróbios e concluíram que o padrão de açúcares de toda a célula pode normalmente ser utilizado para prever a composição da parede celular. Verificou ainda que a combinação da composição da parede celular e do padrão de açúcares das células inteiras permite separar os actinomicetos aeróbios em dez grupos taxonomicamente úteis. Kroppenstedt e Kutzner (1976) apresentaram marcadores bioquímicos úteis para a classificação dos *Actinomycetales*. Estes incluem o ácido DL ou LL diaminopimélico no peptidoglicano, a composição de açúcares dos polissacáridos e o espetro de ácidos gordos dos lípidos celulares. Tamura, Hayakawa e Hatano (2001) apresentaram um novo género da ordem *Actinomycetales*, família Micromonosporaceae, *Virgosporangium* gen nov com descrições de *Virgosporangium ochracacem* sp. Nov. e *Virgosporangium aurantiacum* sp. Nov. Jiang *et al*, (2001) recolheram 70 estirpes de actinomicetos de tipo reconhecido de centros de recolha de culturas microbiológicas nacionais e estrangeiros para analisar quantitativamente a composição dos aminoácidos da parede celular em actinomicetos, tendo adotado os métodos de cromatografia em camada fina e de digitalização de cromatogramas em camada fina. Verificaram a aplicação da análise quantitativa dos aminoácidos da parede celular na classificação dos actinomicetes.

Li *et al.*, (2002) isolaram uma estirpe de actinomicetos psicrotolerantes YI M6T, de uma amostra de solo recolhida em Pequim, na província de Xinjiang, República Popular da China. A parede celular da estirpe continha principalmente ácido LL-diaminopimélico e vestígios de ácido meso diaminopimélico. Os hidrolisados de células inteiras continham principalmente glucose e pequenas quantidades de xilose, galactose e arabinose. As menaquinonas e os fosfolípidos predominantes eram, respetivamente, mk-g (H6) e mk 9 (H8) e fosfotidil etanolamina. Os ácidos gordos celulares predominantes foram 15:0 anteiso, 16:0 iso e 17:0 cyclo. As propriedades quimiotaxonómicas e a análise do rDNA 16s colocaram a estirpe no género *Streptomycetes*. A morfologia, as características fisiológicas, bioquímicas e a sequência do rDNA 16s da estirpe YI M6T diferiam de outros membros do género *Streptomycetes*. Propuseram o nome *Streptomycetes beijiangenesis* sp. Nov.

2.4 Estudos sobre as actividades bioquímicas dos actinomicetos:

Krassilnikov *et.al.*, (1938) observaram a atividade de gelatinase de 200 isolados de actinomicetos a cada 8-12 meses durante 3-5 anos. Verificou que a atividade de gelatinase estava constantemente presente durante o curso do estudo. Verificou ainda que os isolados não pigmentados eram muito activos. Stapp *et.al* (1953) isolou 477 actinomicetos e observou atividade de gelatinase em 99,99% dos isolados e hidrólise de amido em 83% dos isolados. Reynolds (1954) encontrou uma atividade óptima de quitinase em *Streptomycetes* a P^H 7,5

Meyer e konig (1960) estudaram a mobilização de fósforo do fosfato de rocha solúvel devido à ação do ácido orgânico produzido por actinomicetos e fungos. Também mencionaram que os organismos crescem utilizando uma pequena quantidade de fósforo inicialmente disponível no solo. Os organismos absorvem o fósforo dissolvido e acabam por o libertar por autólise. Stutzen-berger et al., (1970) relataram a atividade celulolítica dos actinomicetos no composto. Chakrabarti *et al.* (1978) verificaram a ocorrência de lipase no caldo de cultura de várias estirpes de *Streptomyces*. Banik e Dye (1982) encontraram atividade de solubilização de fosfato em oito *Streptomyces* spp. isoladas do solo. Verificaram ainda que a inoculação de *Streptomyces* sp em fosfato de rocha aumenta o teor de fósforo disponível.

Ali e Roymon (1984) estudaram a atividade celulolítica dos actinomicetos do solo de Raipur. Mansoor e Machaly (1986) seleccionaram actinomicetos de solos egípcios e verificaram que os actinomicetos celulolíticos, amilolíticos e proteolíticos eram os mais comuns. Deshmukh e Godbole (1986) testaram a atividade enzimática de 180 actinomicetos de solos de Karad Taluka.

Encontraram atividade de amilase em 53,33% dos isolados, atividade de protease em 45,55% dos isolados, atividade de celulase em 28,33% dos isolados e atividade de solubilização de fosfato em 29,44% dos isolados. Subba Rao *et.al* (1995) referiram *Streptomyces* como o organismo solubilizador de fosfato ativo. Gupta *et al* (1995) isolaram 9 espécies de *Streptomyces* e descobriram que *Streptomyces viridificans* era um bom produtor de quitinase. Verificaram ainda que a quitinase de *Streptomyces viridificans* lisa a parede celular e muitos agentes patogénicos fúngicos testados.

. Okazaki *et al* (1995) purificaram e caracterizaram duas quitinases (chi-A e chi-B) de *Streptomyces* sp-J-13-3. Verificaram que as enzimas eram semelhantes em termos de características, mas diferiam no ponto isoelétrico. Patke e Dey (1996) testaram as actividades enzimáticas de actinomicetos termofílicos isolados da bacia do lago Lonar e de fontes termais. Verificaram que a protease (em ágar de gema de ovo) gelatiniza e a atividade de lipase estava presente em todos os 10 isolados, enquanto a atividade de amilase estava presente em seis isolados.

2.5 Caracterização molecular de actinomicetos

O ácido desoxirribonucleico (ADN) foi extraído de estirpes de *Actinomyces viscosus* e

Acitnomyces naeslundii e comparado utilizando a técnica de hibridação ADN-ADN (Coykendall e Munzermaier, 1979). Czerwinska *et al.* (1990) referiram que os padrões de análise de endonuclease de restrição podiam ser utilizados tanto para distinguir entre espécies de *Streptomyces* como para reconhecer variações dentro das espécies. Stackebrandit *et al.* (1991) estudaram a designação de regiões-alvo de *Streptomycetes* 16S e 23S r RNA para sondas de oligonucleótidos. As espécies de *Streptomyces* foram examinadas quanto às suas características morfológicas e culturais, bem como quanto ao parentesco ADN-ADN (Labeda, 1991). Weisburg *et al.* (1991), relataram a amplificação do rDNA 16S para estudo filogenético.

As variações moleculares entre estirpes de *Streptomyces* que causam a sarna da batata foram analisadas por Saad *et al.* (1992). O estatuto taxonómico dos hospedeiros de *Streptomyces* para a manipulação de genes em *S. coelicolour* A3, *S. kasugaensis* e *S. lividans* foi também estudado (Nimi e Hotta, 1994). A filogenia molecular e a sistemática dos actinomicetas foram estudadas (Embley e Stackebrandt, 1994). Chun e Goodfellow (1995) apresentaram uma análise filogenética do género *Nocardia* com sequências do gene 16S r RNA. Chiristova *et al.* (1995) descreveram a aplicação dos métodos de biologia molecular na taxonomia do género *Streptomyces*. A análise de restrição do ADN cromossómico dos actinomicetos foi efectuada e descrita por Novella *et al* (1996).

Jiang e Xu (1996) estudaram a diversidade e as características biológicas dos actinomicetos aquáticos em 12 lagos do Planalto Médio de Yannan, China, de 1983 a 1993. Eles isolaram actinomicetos de amostras de água de apenas quatro lagos (Dianchi, Erhai, Datun e Jilu) e obtiveram uma contagem total de actinomicetos na faixa de 2.780 a 4.264cfu/ml. Isolaram 16 géneros de actinomicetos e descobriram que *Micromonospora* é dominante (de 39 a 89%) nas populações de actinomicetos destes sedimentos lacustres. Foi avaliada a utilização de sequências repetitivas de ADN entre agências para classificar estirpes de *Streptomyces* patogénicas e supressoras de doenças (Stackebrandt *et al.*, 1996). A deteção molecular de *Streptomyces* produtores de estreptomicina em solo brasileiro foi estudada e relatada (Huddleston *et al.* 1997). Stackebrandt *et al.* (1997), propuseram um novo sistema de classificação hierárquica de *Actinobacteria* classes Nov. com base na análise da pequena subunidade (16S) de r RNA e dos genes que codificam esta molécula (r DNA). Clark *et al.* (1998), estudaram a diversidade dentro de *S. ipomoeae* com base em interacções inibitórias, reação em cadeia da polimerase baseada em elementos relativos (rep PCR) e perfil plasmídico.

A análise comparativa da sequência de ADN 16S r indicou que *Verrucosispora gifhomensis* gen. Nov. sp. Nov. HR1-2T estava filogeneticamente relacionado com membros da família Micromonosporaceae, ramificando-se adjacente a *Spilliplanes yamanashiensis, Couchioplanes caeruleus, Catenuloplanes japonicus* e membros do género *Micromonospora* (Rheims *et al.* 1998).

Saccharopolyspora spinsporatrichia sp. Nov. foi amplificado por PCR com base nos genes 16S r

RNA e foi estudado o alinhamento da sequência resultante com a sequência correspondente de um representante da família Pseudonocardiaceae (Zhou *et al.* 1998). Wilson *et al.*, (1998) identificaram 293 isolados clínicos utilizando a análise de padrões de enzimas de restrição (PRA) por PCR e encontraram 170 *micobactérias*, 93 Nocardiae e 30 actinomicetas aeróbicos. Referiram ainda a exatidão e a praticabilidade da PRA para a identificação de rotina de actinomicetos aeróbios. Zwart *et al.*, (1999) compararam sequências do gene do ARN ribossómico 16S de bactérias recuperadas do Lago Loosdrecht, nos Países Baixos, e sequências de lagos do Alasca e do Estado de Nova Iorque. Encontraram sequências de RNA ribossómico 16S quase idênticas em lagos da Europa norte-americana e concluíram a existência de clones de bactérias de água doce distribuídas globalmente. Beau *et a.l* (1999) referiram que as características morfológicas e os testes bioquímicos permitiram uma identificação presuntiva de *Nocardiopsis dassonvillei*, a análise cromatográfica dos ácidos gordos da parede celular confirmou a identificação ao nível do género e a sequenciação do gene 16S rDNA permitiu uma identificação definitiva. Os autores referiram ainda a utilidade da sequenciação do gene do ADN 16S r como método de rotina para a identificação de actinomicetos.

A base molecular da identificação de espécies de *Streptomyces* cultivadas em cultura pura e isoladas de amostras ambientais foi efectuada (Stackebrandt e Pukall, 1999). Mao *et al.* (1999) observaram a caraterização molecular e a análise do grupo de genes de biossíntese do antibiótico antitumoral mitomicina 'C' de *Streptomyces lavendulae* NRRL 2564. Foi efectuada uma análise filogenética do género *Thermoactinomyces* com base em sequências de ADN 16S r (Yoon e Park, 2000). Zotchev *et al.* (2000) comunicaram a identificação de um grupo de genes para a biossíntese de antibióticos derivados de polipéptidos antibacterianos no produtor de nistatina *Streptomyces noursei* (ATCC 1455).

Huang *et al.* (2001) apresentaram uma análise global da expressão de genes que respondem ao crescimento e da regulação das vias biossintéticas de antibióticos em *Streptomyces coelicolour* utilizando microarrays de ADN. O método PCR-RFLP pode servir como ferramenta rápida para estimar a relação filogenética adequada de isolados de *Streptomyces* sem a necessidade de interespaçamento de ADN ou sequenciação de ADN 16S r (Atalan, 2001). Song *et al.* (2001), relataram a diversidade filogenética de espécies *termofílicas de* Actinomycetes e *Thermoactinomyces*, isoladas de compostos de cogumelos na Coreia, com base na análise da sequência do gene 16S r RNA. Tajima *et al.* (2001), relataram a análise filogenética de *Kitasatospora cineracea* sp. Nov. e *K. niigatensis* sp. Nov. com base em sequências do gene 16S r DNA. A diversidade filogenética das bactérias associadas à esponja marinha *Rhopaloeides odorabile* foi avaliada por sequências de 16S rRNA (Webster *et al.* 2001). Foi efectuada uma análise filogenética das espécies *Virgossporangium ochraceum* sp. Nov. e *V. aurantiacum* sp. Nov. na família Micromonosporaceae (Tamura *et al.* 2001).

Mincer *et al.*, (2002), isolaram 212 actinomicetos da família Micromonosporaceae de sedimentos oceânicos, testaram a necessidade obrigatória de água do mar para o seu crescimento e descobriram que dois deles apresentavam uma necessidade obrigatória de água do mar para o seu crescimento. Afirmaram que esta é a primeira prova da existência de populações generalizadas de actinomicetas marinhos obrigatórios. O cultivo e a análise de populações independentes de endófitos bacterianos em três variedades de batata com base em PCR específico de eubactérias e actinomicetas de genes 16S rRNA foram efectuados e comunicados (Sessisch *et al.* 2002). A caraterização filogenética de 7 isolados representativos com base em sequências quase completas de géneros que codificam 16S rRNA produziu um clado monofilético dentro da família Micromonosporaceae e sugeriu novidades ao nível do género (Mincer *et al.* 2002).

A disponibilidade da sequência do genoma de *Streptomyces coelicolour*, recentemente concluída, fornece uma ligação entre o folclore dos antibióticos e outros compostos bioactivos subjacentes aos princípios bioquímicos, genéticos moleculares e evolutivos (Thompso *et al.* 2002). Zaitlin *et al.* (2003), relataram a produção de quantidades significativas de compostos de odor a terra e a lama Geosmina e 2-metilisoborneol por actinomicetas isolados da bacia do rio Elbow, Alberta, Canadá. Examinaram também actinomicetos de fontes terrestres para detetar diferenças nas suas produções de Geosmina e 2-metilisobomeol. Descobriram que a maioria dos isolados de actinomicetos testados era capaz de produzir Geosmina e/ou 2-metilisoborneol, independentemente das suas fontes terrestres. Eles também relataram que os surtos de sabor e odor de actinomicetos podem ser mais influenciados por diferenças na abundância do que por diferenças na fonte de actinomicetos. A reavaliação taxonómica dos *Streptomyces* formadores de verticilos, anteriormente conhecidos como *Streptoverticillium,* com base na hibridação ADN-ADN e nas sequências de gyrB, resultou na proposta de *S. luteireticuli corrig.*, sp. Nov., nom. Rev. (Hatano *et al.*, 2003),

Foi feita uma identificação rápida de actinomicetos filamentosos até ao nível do género utilizando padrões de fragmentos de restrição do gene 16S r DNA específicos do género (Cook e Meyers, 2003). Os dados das sequências directas do gene de ADN 16S r confirmaram a posição taxonómica dos *Kitasatospora*, após a geração de árvores filogenéticas utilizando três algoritmos de arborização (Groth *et al.* 2003). As sequências quase completas do rDNA 16S para os dois organismos foram alinhadas com as sequências disponíveis de representantes do género *Actinomadura* e de taxa relacionados. Nesta abordagem, a árvore filogenética resultante mostrou que cada uma das estirpes formava uma linha filética diferente na radiação evolutiva ocupada pelo género *Actinomadura* (Lu *et al.,* 2003).

Os traços genéticos e fenotípicos de *Streptomyces* foram utilizados para caraterizar as actividades antibióticas de micróbios recolhidos de campos agrícolas (Davelos *et al.* 2004). Kim *et al.* (2004), relataram a semelhança da sequência rpo B dos géneros *Streptomyces* e *Kitasatospora* com base na sequência parcial do gene da subunidade B da RNA polimearase. Diferenciação de isolados de

Micromonospora de sedimentos costeiros do País de Gales com base na espetroscopia de infravermelhos com transformada de Fourier, análise da sequência de ADN 16S r e técnica de polimorfismo de comprimento de fragmentos amplificados (Zhou *et al.*, 2004). A posição taxonómica foi determinada para os actinomicetos do solo; isolado KM-4927T que produziu o antibiótico hitachimycin, com base na análise do ADN 16S r. A estirpe foi atribuída ao género *Streptomyces* e constituiu uma espécie separada. Uma combinação de parâmetros fisiológicos, características quimiotaxonómicas. As sequências de 16S rRNA e a análise fitogenética baseada em 16S r RNA forneceram fortes indícios para os dois novos géneros dentro da família Micromonosporaceae (Magavey *et al.*, 2004).

A relação dos actinomicetos marinhos *Salinospora* foi confirmada pela análise filogenética da sequenciação do gene 16S r do ADN (Kim *et al.* 2005). Sivakumar (2001) comunicou que a análise filogenética das espécies antagonistas de *Strepotmyces* e de um actinomiceto halofílico *Actinopolyspora indiensis* sp. Nov. com 16S rDNA permite geralmente identificar os organismos apenas até ao nível do género (Sivakumar, 2003). As análises das sequências de ADN 16S r ajudam a distinguir *Streptomyces noursei* (DPTD21) e *S. thulasea* (DPTB16) sp. Nov. (Dhanasekaran, 2005).

2.6 Acumulação de metais:

A bioremediação de resíduos industriais que contêm metais pesados foi demonstrada por várias empresas de biotecnologia que utilizam a bioacumulação (Lovely *et al.,* 1995, Macakie *et al.,* 1984), a bioabsorção, a bioprecipitação e a absorção por biopolímeros purificados derivados de células microbianas constituem processos alternativos aos métodos físicos e químicos convencionais. (Silver S. 1991)

Pela primeira vez em toda a sua história cultural, o homem está a enfrentar uma das mais terríveis crises ecológicas, os problemas do ambiente, especialmente com metais tóxicos; a poluição por metais pesados afecta a flora, a fauna e outros componentes bióticos dos ecossistemas. A poluição por metais pesados afecta a flora, a fauna e outros componentes bióticos dos ecossistemas. Os metais pesados contaminam numerosos ambientes aquáticos em todo o mundo, em resultado da extração mineira em grande escala, reduzindo a qualidade da água e prejudicando muitos organismos eucariotas, como referem (Burton G.J. e A Drotar J. 1987). A alteração da drenagem de minas e a introdução de resíduos de minas nos cursos de água estão bem documentadas por Admiral W.H., *et.al.* (1999), Boath E.M *et.al.* 1998). As estirpes de Frankia e os seus padrões de resistência a metais pesados (Pb^{2+} ,Cr^{2-} ,Cu^{2+} ,Ag^{1+} ',Ni^{2+} ,SbO_2^{1-} ,CD^{2+} ,AsO_3^{-1} -*) foram comunicados por Joel W. Richards e *et al.* (2002) Em 1990, Dabbs E.R.B *et.al.* mostraram o padrão de resistência de *Rhodococcus* ao arsénio. As células microbianas intactas, vivas ou mortas, e os seus produtos podem ser bioacumuladores altamente eficientes de formas solúveis e particuladas de metais. (P.K. Widman *et al.* 1993, Niu H. *et al* 1993, Silver S. 1991) As superfícies celulares de todos os microrganismos são carregadas negativamente devido à presença de várias estruturas aniónicas. Isto confere aos actinomicetos/bactérias a capacidade de se ligarem a acções metálicas.

H. Lokeshwari e G.T. Chandrappa (2006) relataram o impacto da contaminação por metais pesados do lago Bellandur no solo e na vegetação cultivada. Foi demonstrado que a água de esgotos tratada contém uma quantidade variável de metais pesados, como Pb, Ni, Cd, Cu, Hg, Zn e Cr_2 , que têm o potencial de contaminar as culturas que crescem sob essa irrigação. Observou-se que o impacto da água do lago na vegetação foi maior do que no solo. Takehiko Tsuruta (2004) demonstrou que *Sterptomyces albus é* capaz de acumular 14 elementos de terras raras (La, Ce, Pr, Nd, Sm, Eu, Gd, Th, Dy, Ho, Er, Tm, Yb e Lu). VH_2 , Kb_2 e NF_4 isoladas da natureza foram capazes de degradar a borracha natural, bem como a borracha sintética de poliisopreno 1 -4.

2.7 Biominerilização:

Ao longo da última década, a biologia teve uma profunda influência na ciência e engenharia dos materiais e muita desta influência ainda está para vir. O fabrico de materiais inorgânicos por organismos é designado por Biominerilização, alguns dos exemplos de Biominerilização incluem magnetite (Manns e Frankelet *al.*, 1988) Biominerilização, perspectivas químicas e bioquímicas, VCH Weinheim; Alemanha (1989). Nanopartículas de prata (Klaus, T. *et al.* 1999) sintetizadas por bactérias e nanopartículas de CdS sintetizadas por leveduras

(Dameron, *et al.*,1989). O processo fundamental de transformação dos minerais nestes organismos envolve proteínas e outras macromoléculas biológicas que controlam a nucleação e o crescimento da estrutura inorgânica. O processo de biomineralização e montagem dos componentes inorgânicos em estruturas hierárquicas sofisticadas levou ao desenvolvimento de uma variedade de abordagens diferentes que imitam as capacidades de reconhecimento e nucleação encontradas nas biomoléculas para a síntese de materiais inorgânicos. A enorme implicação da biomineralização no desenvolvimento de materiais à nano ou à microescala.

Os materiais magnéticos de domínio único sintetizados por bactérias magnetotáticas (Frankel R.B. *et al.*, e Geoply, 1998). Blakemere (1975) relatou a aparente transformação de fases de óxido de ferro anti-ferromagnético em magnetite em chitontooth. Kirsetivink *et al.,* (1979) Lowenstein H.A. (1967.),Mao C.B. *et al.,* (2004), desenvolveram Copt e feltro com diâmetro uniforme da ordem de 10nm. Estas partículas foram sintetizadas em condições biomiméticas suaves. Esta abordagem foi explorada por Kramer *et al* (2004) para a síntese de Ag dentro da ferritina.

2.8 Mineralização biomimética :

A mineralização biomimética é uma abordagem poderosa para a síntese de materiais avançados com uma organização hierárquica de forma completa e uma forma e um tamanho controlados em condições ambientais em ambientes aquosos (, Yurong Ma *et al.* 2007.) As experiências de mineralização biomimética revelaram um mecanismo de cristalização alternativo que envolve transformações mesoscópicas de fases precursoras de nanopartículas. A fixação orientada envolve a fixação dirigida de nanopartículas sob fusão cristalográfica subsequente, o que normalmente conduz a nanomateriais unidimensionais.

Os mesocristais, por outro lado, são cristais coloidais compostos por nanopartículas cristalinas em perfeito registo cristalográfico tridimensional, de modo que se dispersam em cristais únicos vivos, mas são claramente uma superestrutura de nanopartículas. As experiências de mineralização biomimética já tentam transferir os princípios da biominerilização para a síntese de novos materiais. Os biotemplates com uma heterogeneidade química e estrutural bem definida foram recentemente explorados para o controlo preciso do tamanho e da forma das nanoestruturas formadas, induzindo nanoestruturas metálicas de Ag, Ni e Co, nanofios, nanofios de Au ou Ag, nanotubos, cadeias de partículas de Pt no ADN, conjuntos tridimensionais de nanopartículas de Au e nanoestruturas de semicondutores CdS, PbS e ZnS. Um complexo de membranas de ADN, como sistema protótipo simplificado, pode ser utilizado como nanoreactor para o crescimento de CdS (110). As fortes interacções electrostáticas que estes complexos estabelecem com os planos polares do CdS (002) são paralelas à espinha dorsal do ADN fosfato de açúcar carregado negativamente, o que sugere que os detalhes moleculares da molécula de ADN foram replicados na estrutura cristalina inorgânica (Yurong Ma *et al.* 2007). Na microscopia de força atómica (AFM), as superfícies de ouro apresentam uma afinidade única e selectiva para os tióis, embora a força de adesão da ligação formada seja mais fraca do que a de outras ligações covalentes. Por conseguinte, todas as pontas (AFM) disponíveis no mercado são gravadas com nitreto de silício e depositadas numa camada de ouro para obter um melhor desempenho (M. Grandbois *et.al.*, (1999)), Fumiokato *et al* (2000) referiram que *Steptomyces lividans* TK24 e *Steptomyces* sp TOHO-12 foram inibidos. O crescimento de *S. lividans* TK24 foi inibido acima de um certo C_s Cl em ágar de extrato de malte de levedura, enquanto o de *Strepomyces* sp TOHO-2, que foi isolado do solo como estirpe tolerante, foi inibido acima do zoom C_s cl. Ambas as estirpes puderam crescer mesmo na presença de uma concentração elevada de Cs e acumularam uma concentração elevada de C_s nas células.

Objectivos do trabalho :

Os actinomicetos são um grupo de organismos fisiologicamente muito activos que produzem metabolitos secundários de importância comercial. Os actinomicetos parecem possuir um certo número de características que os favorecem na competição com outros micróbios e asseguram a sua sobrevivência em condições desfavoráveis. O ambiente aquático difere do ambiente terrestre em vários aspectos. Espera-se que as características biológicas e a distribuição dos actinomicetas aquáticos sejam diferentes das dos actinomicetas terrestres. Os estudos sobre actinomicetos aquáticos são importantes não só para fins fundamentais, mas também para as suas aplicações na área recentemente emergente da nanociência e da nanotecnologia.

A ocorrência e o papel dos actinomicetes aquáticos no habitat aquático foram estudados por diferentes cientistas (Goodfellow e Cross 1974, Willoughby *et.al* 1974,1976, Al-Diwany e Cross 1978, Williams *et al.* 1984, chashchina e Condratenko 1986). A ocorrência e o significado dos actinomicetes em água doce foram estudados por vários investigadores, incluindo Stark McCoy 1938, Irikson 1941, Umbreit e McCoy 1941, Colmer e McCoy 1947, Johnston 1972, Burman 1973, Willoughby *et.al* 1969,1974, 1976; Williams e Cross 1976, 1977, Niemi *et al.* 1982, Jiang e Xu 1989, 1996, Wohl 1998, *et al.* Saadon 1999, Shejul e Kapadnis 1998, Zaitlian *et al.* 2003, Ranjekar e Sridhar 1990, D.W. Johnston e Croos 1976, I.A. Terkina e colaboradores 1982. Estudos sobre água doce aquática foram também efectuados por Eudes Lanciotti *et.al.* em 2003, Cheng-Lin Jiang e Li-Hua Xu, 1995.

Os Streptomyces estão amplamente distribuídos em ambientes aquáticos, mas a possibilidade da sua lavagem a partir do habitat terrestre circundante deve ser sempre considerada. A ecologia de *Streptomyces* em meio aquático tem recebido pouca atenção e muitas questões permanecem em aberto (Cross 1981, Goodfellow 1984). *Os Streptomyces* são geralmente considerados mais activos nas fases mais avançadas da decomposição de plantas e outros materiais complexos (William *et.al.,* 1978), degradando também polímeros naturais como a quitina, hemiceluloses, queratina, pectina, material da parede celular de fungos, degradação de herbicidas, plásticos, borrachas naturais e sintéticas. *Streptomyces albus é* capaz de acumular 14 elementos de terras raras (Takehiko Tsuruta 2004). Os actinomicetos não só são utilizados para degradação e acumulação, como também têm capacidade de biominerilização, biossorção e biossíntese (Silver S. *et.al* 1991, Lovy D.R. *et.al* 1991, Joelw. Richards *et.al* 2002, Murali Shastri *et.al.,* 2005). Muito recentemente, Murali Shastry *et.al. relataram* que o fungo actinomiceto *Thermonospora* sintetizou nanopartículas metálicas. Kawshik e colaboradores (2001) sintetizaram nanopartículas de PbS intracelularmente. C.T.Dameron (1988), A.R. Smith (1998), D.J. Richardson (1995) Dendrímeros como nanodispositivos polivalentes (Malia D.A. Reyna L.A. 2001) Meziani M.J., *et.al* (2005), demonstraram que as partículas de CdS nanocristalinas foram diretamente conjugadas com a proteína albumina de soro bovino. Hu. M. e colaboradores (2006) estão a estudar nano partículas de ouro e as suas propriedades plasmónicas para aplicações biomédicas. Bondnar M *et.al.,* (2004).trabalhando na síntese de nanopartículas de quitosano -N-poli (etilenoglicol) de ligação cruzada. Wans e colaboradores (2005) sintetizaram nanopartículas superparamagnéticas de Fe O_{34} . Mehta *et.al.* (2006) fabricaram bioreactores que medem quantitativamente e controlam o nível de oxigénio em microfluidos durante a cultura de células. Existem vários biodispositivos fabricados nos últimos anos, tais como pontos quânticos de prata protegidos por ariltiolato (Branham *et al.* Lagmuir 2006) pontos quânticos de CdSe/ZnS (Algar W.R,. Krull UJ. 2006).

Tendo em mente os pontos de vista acima referidos, a presente investigação centrou-se em actinomicetos isolados do lago Shivajisagar com os seguintes objectivos

1. Isolamento de actinomicetos do lago Shivajisagar.
2. Identificação de actinomicetos até ao nível de género.
3. Identificação até ao nível da espécie.

Capítulo 3

Materiais e métodos

3.1 Área de estudo

O rio Koyana nasce na cordilheira de Mahabaleshwar, em Sahyadri, e corre para o lado oriental, onde se encontra com o rio Krishna em Karad. No âmbito do complexo de Koyana, foi construído um reservatório principal no rio Koyana, perto da aldeia de Gadhavkhop, em Patan tehsil, no distrito de Satara, em Maharashtra. A barragem recebeu o nome de Shivajisagar e é popularmente conhecida como barragem de Koyana. Tem uma capacidade de retenção de água de 104 TMC. A área de captação de Shivajisagar é de cerca de 891,78 km2. A água armazenada estende-se por 115,35 km2. Do ponto de vista ecológico, trata-se de uma região distinta, com fortes precipitações. É óbvio que a água do lago pode ter uma grande diversidade de microrganismos, uma vez que a água corre da região montanhosa e é recolhida em Shivajisagar, pelo que, em última análise, é uma fonte de microrganismos da região de Sahyadri.

O presente estudo foi realizado com isolados de actinomicetos recolhidos em diferentes locais das margens da barragem entre junho e agosto de 2004.

3.2 Metodologia de amostragem:

Foram recolhidas vinte e quatro amostras de água de Shivajisagar em quatro locais diferentes. As amostras foram recolhidas no período de junho a agosto. Durante este período, na área de Shivajisagar, registam-se chuvas intensas, o que aumenta a possibilidade de obter mais isolados.

As amostras de água foram recolhidas em frascos de vidro esterilizados com capacidade para 100 ml. As amostras de água foram recolhidas submergindo os frascos de vidro esterilizados e mergulhando-os 10 cm abaixo da superfície da água. As amostras, em frascos bem rotulados e com rolha apertada, foram levadas para o laboratório numa caixa de gelo e armazenadas à temperatura de congelação. As amostras foram utilizadas no prazo de 24 horas.

3.3 Efeito de ativação térmica:

As amostras foram aquecidas a diferentes temperaturas antes do revestimento, tais como 40^0 C, 60^0 Cand 70° C durante 10 minutos em banho-maria. Foi colhida uma amostra sem tratamento como controlo. As amostras tratadas termicamente foram diluídas em série, de forma asséptica, em soro fisiológico. As diluições (10^{-3} ,10^{-4} ,10^{-5}) foram utilizadas para o isolamento de actinomicetos. Para estudar o efeito da ativação pelo calor na população de actinomicetos, as amostras foram inoculadas pelo método de placa padrão (Collins e Lyne 1980,) em ágar glicerol aspargina (Shirling e Gottlieb, 1966) suplementado com antibiótico antifúngico griseofulvina a 50 µg/ml de concentração. (Kala e Lyne 1980). As placas foram incubadas à temperatura ambiente durante 4 dias e, no final da incubação, foi registada a contagem de colónias.

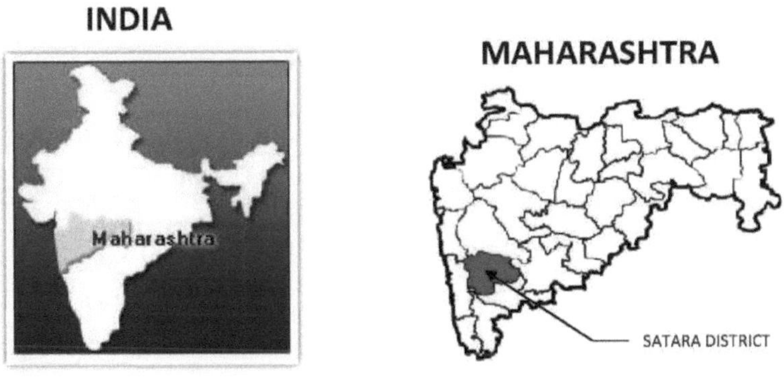

Fig. *1.* Mapa de Satara e Maharashtra e suas localizações na Índia.

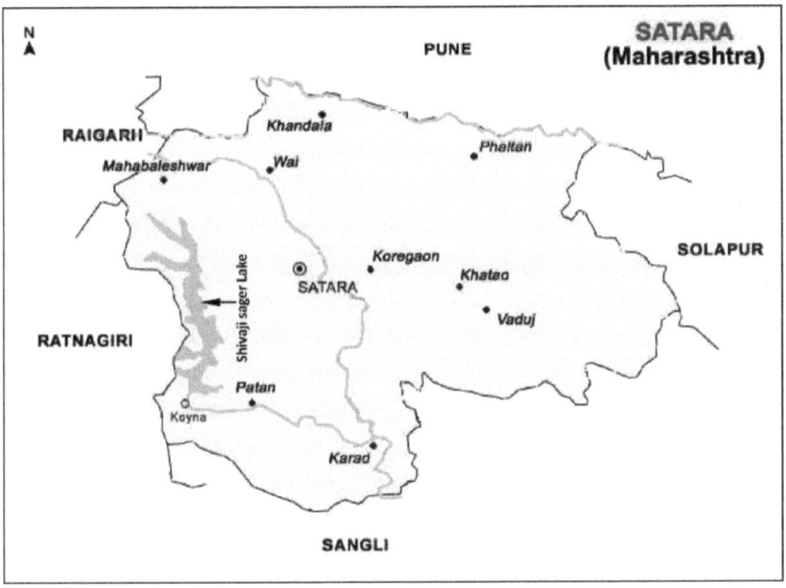

Fig. 2. Mapa com a localização do lago Shivajisagar no distrito de Satara

3.4 Isolamento de actinomicetos:

. No final do período de incubação, foram observadas colónias típicas, resistentes e coriáceas, que foram seleccionadas para subcultura. As subculturas das colónias típicas foram efectuadas em placas de ágar glicerol aspargina. Os isolados foram mantidos em ágar glicerol aspargina por transferência periódica de dois meses.

3.5 Estudo das características dos isolados

3.5.1 Características coloniais

Para estudar as características coloniais, os isolados foram inoculados em ágar glicerol aspargina e as placas foram incubadas durante sete dias à temperatura ambiente, tendo sido registados os caracteres coloniais da colónia bem isolada, no que diz respeito à cor do micélio aéreo, ao tamanho e à natureza da cor e pigmentação do reverso da colónia.

3.5.2 Pigmentação

A pigmentação foi estudada em ágar glicerol aspargina (Shirling e Gottlieb,1966) em termos dos seguintes pontos.

a. Tonalidades: A pigmentação das colónias foi observada em várias tonalidades, tais como azul, violeta, vermelho, amarelo-rosa, verde, castanho e preto.
b. Pigmentos difusíveis/Não difusíveis.
c. Reverso da colónia: castanho-amarelado (sem pigmento distintivo) azul, verde, vermelho, laranja ou violeta.

3.5.3 Caracteres morfológicos

Os isolados foram cultivados em ágar glicerol aspargina através da técnica simples de cultura em lamelas inclinadas (Gibbs e Shapton, 1968) para estudar as características morfológicas, tais como micélio aéreo, micélio de substrato e esporulação.

3.5.4 Técnica de cultura em lamelas:

Introduziu-se cuidadosamente uma lamela esterilizada num ângulo de cerca de 45° no meio solidificado em petridish, de modo a que metade da lamela ficasse no meio. Em seguida, inoculou-se um isolado de actinomiceto ao longo da linha onde a superfície superior da lamela encontra o ágar com uma agulha de arame fino e as placas foram incubadas à temperatura ambiente durante 7 dias. Os microrganismos crescem tanto no meio como ao longo da lamela. A lamela foi cuidadosamente retirada do meio e colocada para cima na lâmina e observada diretamente ao microscópio. As mesmas culturas de lamelas foram processadas para observações SEM. As seguintes observações de microscopia ótica e de MEV foram registadas utilizando culturas em lamelas

i. Presença ou ausência de micélio aéreo.
ii. Fragmentação do micélio do substrato.
iii. Presença de esclerócios ou esporângios.
iv. Esporulação do micélio do substrato.
v. Morfologia da cadeia de esporos: rectiflexibiles, retinaculiaperti ou espirais.

Superfície ViSpore

3.5.5 Produção de pigmentos de melanina -

Para estudar a capacidade do isolado de produzir melanina, os isolados foram inoculados em placas de ágar tirosina (Shirling e Gottlieb, 1966). Em seguida, as placas foram incubadas a 38° C durante 4 dias. A coloração castanha, castanha escura ou preta do meio à volta da colónia foi considerada positiva para a produção de pigmento de melanina.

3.6 Identificação de actinomicetos :

A identificação dos isolados de actinomicetos foi efectuada através de um método laboratorial de rotina e de uma técnica sistemática molecular moderna (16S r DNA Ribotyping Sequencing)

3.6.1 Método laboratorial de rotina:

Para a identificação do isolado de actinomiceto, foram estudados os seguintes caracteres

i) Exame microscópico.
ii) Composição química da parede celular.
iii) Composição de açúcares na célula inteira
iv) Caracteres bioquímicos

3.6.1.1 Exame microscópico

A identificação a nível genérico foi efectuada utilizando o manual de bacteriologia sistemática de Bergy, volume 4, William *et al.* (1983) e de acordo com McCarty e Williams (1990), Lechevalier *et. al.* (1970), Buchmanan (1974), Waksman (1961), Thirumalachar (1955), Gibbs e Skinner (1966), Gibbs e Shapton (1968), Cross (1968) e Krassilnikov (1959). Foi também utilizada uma chave de trabalho para a identificação provisória dos géneros de actinomicetos (McCarthy e Williams, 1990)

Os actinomicetos podem ser identificados utilizando a seguinte chave

1) Ausência de micélio aéreo, o micélio do substrato fragmenta-se rapidamente em elementos bacilares ou cocóides e a textura da colónia é semelhante à das bactérias.

   i. Colónias frequentemente de *Rhodococcus* laranja-rosado.
   ii. Elementos de fragmentação *Oerskovia* motil.
   iii. As hifas dividem-se em todos os planos para dar origem a elementos cocóides móveis, colónias de *Geodermatophilus* negros.

II) Ausência de micélio aéreo, micélio do substrato não fragmentado e textura da colónia dura

   i) Colónia de cor amarela - laranja - vermelha; a superfície escurece na esporulação os esporos ocorrem isoladamente ou em *grupos Micromonospora.*

ii) Esporângios globosos a irregulares com 5 a 22 µm de diâmetro. As cadeias de esporos também podem estar presentes esporos móveis, colónia frequentemente vermelha alaranjada *Actinoplanos*

iii) Esporângios cilíndricos a em forma de garrafa. A cadeia de esporos está disposta em filas paralelas dentro do esporângio, a colónia é laranja, vermelha, castanha ou preta, por vezes com áreas brancas *de Ampullariella.*

iv) Esporângios em forma de dedo a claviformes com 4-6 X 1-1,4 µm de tamanho. Cada esporângio contém uma fila única de 3-4 esporos.

v) Os esporângios desenvolvem-se isoladamente ou em grupos. As colónias têm um aspeto pálido a laranja escuro ou rosa a castanho *Dactylosporangium.*

III) Micélio aéreo cotonoso e seco, micélio do substrato fragmentado em bastonetes ou elementos cocóides e textura da colónia moderadamente macia.

i. Micélio aéreo branco-rosado, por vezes esparso, estável ou fragmentado, com cadeias curtas de esporos. Micélio do substrato frequentemente amarelo alaranjado. *Nocardia.*

ii. O micélio aéreo e o micélio do substrato fragmentam-se em elementos bastonetes ou cocóides *Nocardioides.*

IV) Micélio aéreo cotonoso seco e pulverulento, micélio do substrato não fragmentado e textura da colónia,

i. Esporos únicos resistentes ao calor em micélio aéreo e de substrato. Colónias brancas, amarelo-palha, maioritariamente termofílicas - *Thermoactinomyces.*

ii. Esporos únicos sensíveis ao calor apenas no micélio aéreo ou também no micélio do substrato. Colónias brancas e castanhas, maioritariamente termofílicas - *Thermomonospora.*

iii. Esporos únicos sensíveis ao calor apenas no micélio aéreo. Colónias cinzento-esverdeadas por cima e verde-escuras por baixo, termofílicas, *Saccharomonospora.*

iv. Esporos emparelhados em micélio aéreo, alguns *Microbispora* termofílicos.

v. Esporos geralmente em cadeias de 4 no micélio aéreo - *Microtetraspora.*

vi. Cadeias de esporos no micélio aéreo, por vezes em laços ou espirais (semelhante a *Streptomyces*) *Actinomadura.*

vii. Cadeias longas de esporos (geralmente >50) em micélio aéreo, forma de cadeia reta ou flexuosa, em gancho ou em espiral *Streptomyces.*

viii. Cadeias longas de esporos (geralmente >50) no micélio aéreo, cadeias em espirais *Streptoverticillium.*

ix. O micélio do substrato é em ziguezague. Micélio aéreo com esporos de vários comprimentos, alguns longos (2,5 a 5µm), poucos termófilos, *Pseudonocardia.*

x. Esporângios globosos a irregulares (7 a 40µm de diâmetro) com muitos esporos em micélio aéreo. Pode também existir uma cadeia de esporos (semelhante à de *Streptomyces*) *Streptosporangium.*

3.6.1.2 Análise da parede celular:

Toru Hasegawa *et al.* (1983) sugeriram um método de análise de DAP para a deteção do ácido diaminopimélico, que era mais vantajoso do que o método convencional de análise de DAP. Este método não necessita de cultura líquida, o que exige o ajuste do pH do caldo durante o crescimento e a filtração das células para a colheita, além de não ser necessária a evaporação dos hidrolisados...

O método de Toru Hasegawa é rápido, económico e mais reprodutível.

Fig. 7. Principais constituintes dos tipos de parede celular dos Actinomicetos

Cell wall	Meso DAP	LL DAP	Glycine	Arabinose	Galactose
I	-	+	+	-	-
II	+	-	+	-	-
III	+	-	-	-	-
IV	+	-	-	+	+

Fig.8. Distribuição dos tipos de parede celular e padrão de açúcares na célula inteira nos géneros de actinomicetos.

Cell Wall type	Sugar pattern	Genera
I	No characteristic sugar	*Streptomyces, Streptoverticillum, micro-cellobispora*
II	Arabinose, Xylose	*Micromonospora, Actinoplanes, Ampulluriella, Amorphosporangium, Dactylosporangium*
III	Madurose. No Arabinose, No xylose	*Actinomadura, madura type Microbispora, Streptosporangiun, Spirillospora, Planomonospora*
	None	*Actinomadura, Dassanvillei type, Thermoactinomycetes, Actinoifida*
IV	Arabinose, Galactose, No xylose	*Mycobacterium, Nocardia Pseudonocardia, Thormomonospora, Micropolyspora.*

Análise DAP (método de Hasegawa)

1. Foram colocadas duas colónias num tubo de ensaio (5 a 7 mm) contendo 0,1 ml de HCI 6N.
2. O tubo de ensaio foi firmemente coberto com folha de alumínio. Foi autoclavado a 151 lb/in^2 durante 15 min.
3. Após arrefecimento, os 5 µl X 2 do hidrolisado foram colocados diretamente numa folha fina de celulose (Merck).
4. 2 ml de 0,01 DL - DAP (DL - DAP sigma chemical co. contém tanto LL como meso DAP) foram também colocados na mesma folha como padrão.
5. A cromatografia ascendente foi efectuada utilizando metanol: água destilada: HCL 6N: piridina (80 : 26 :4 : 10 v/v) como sistema solvente durante 3 horas.
6. A folha foi seca e pulverizada com o reagente Ninbydrin a 0,1% em acetona e aquecida a 100° C durante 2 minutos para revelar as manchas.

Análise do açúcar - (método de Hasegawa)

1. Colocaram-se duas colónias num tubo de ensaio contendo 0,1 ml de HCL 0,25N
2. O tubo de ensaio foi bem coberto com folha de alumínio e autoclavado durante 15 minutos a 121° C.
3. Após arrefecimento, 2,5 µl X 2 do hidrolisado foram colocados diretamente numa folha fina de celulose (Merck).
4. 2 µl de 1 mg/ ml (diluídos 1:2) de galactose, arabinose e xilose foram também colocados na mesma folha como padrões.
5. A cromatografia ascendente foi efectuada no sistema de solventes n butanol : D/W: piridina : tolueno (10:6:6: 1 v/v) durante 3 horas.
6. As folhas foram secas e pulverizadas com 0,5 % de hidrogenoftalato de anilina em metanol (Lechevalier, 1968) e aquecidas a 100^0 C durante 2 minutos para revelar as manchas.

3.6.1.3 Estudos bioquímicos :

A fim de estudar as actividades bioquímicas dos isolados, foram utilizados diferentes métodos.

(a) Atividade enzimática - Amilase, Caseinase, Lipase, Protease, Lecitinase, Gelatinase, Tirosinase, Nitrarte redutase.

(b) Utilização de substratos de carbono - D-glucose, D-xilose, L-ramnose, D- galactose, L- arabinose, D-lactose, D- maltose, D- manitol, D- frutose, D- sacarose,

(c) Utilização de fontes de azoto - L argenina, nitrato de potássio, L fenilalanina

Estudo da atividade enzimática :

Os isolados foram inoculados num meio nutritivo adequado através do método de inoculação em estrias, em pontos ou em anéis completos, a fim de verificar diferentes actividades de degradação enzimática. As placas foram incubadas a 30^0 C durante 4-21 dias. Os pormenores são apresentados na Fig.9.

Fig.9: Atividade enzimática:

Enzyme	Medium	Incubation	Observation
Amylase	Modified Bennett's agar Jones (1949) with 1% w/v starch soluble.	Spot 7 days	Clearing around the growth after 2% iodine
Caseinase	Modified Bennett's agar 1% w/v skimmed milk	Spot 7 days	Clearing around the growth
Gelatinase	Modified Bennett's 0.4% gelatin	7 days	Clearing around growth 1.5% $Hgcl_2$
Tyrosinase	Modified Bennett's 1% w/v tyrosine	7 days	Clearing around growth
Lecithinase	Egg yolk agar	2,4,6 days	Opaque (cloudy) zone around colony
Lipase	Egg yolk agar	2,4,6 days	Formation of pearly layer zone different with (1-15 mm) over and around the colony
Chitinase	Colloidal agar	7 – 14 days	Clearing around growth.

3.6.2 Técnica sistemática molecular moderna (16 S r DNA Ribotyping Sequencing):

Identificação de actinomicetos até ao nível da espécie por ribotipagem do ADN 16s r pelo seguinte método

Amplificação do ADN 16 sr e sequenciação do amplicon.

I Preparação das amostras : Extração de ADN.

1. Colher uma única colónia da placa para um tubo eppendorf de 0,5 ml contendo 500 ml de reagente

Prepman Ultra.

2. Desnaturar a 90° C num termociclador durante 20 min.
3. vórtice do tubo
4. centrifugar o tubo a - 10.000 rpm durante 10 min.
5. Diluir o sobrenadante de acordo com as necessidades.
6. Colocar a reação de PCR.

Reação de PCR :

Mistura PCR

Buffer	2.5 µl
Mgcl2	1.5 µl
Primer F	1.0 µl
Primer R	1.0 µl
DNTP	0.5 µl
Tag	0.2 µl
DNA	3.0 µl
SMQ	14.3 µl
Total -	25 µl

Preparação da reação

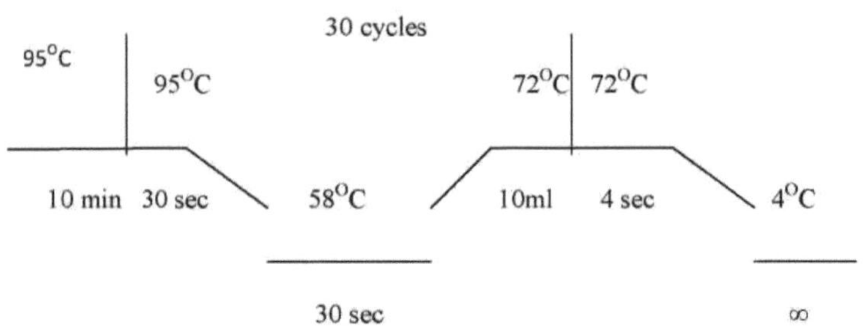

II Purificação do produto da PCR:

A reação de PCR foi realizada com os primers forward e reverse fornecidos no Applied Biosystem Microseq Kit.

III Eletroforese em gel :

a. Verificar o produto da PCR purificado num gel de agarose a 0,8%.

b. Se o produto da PCR for puro, manter a reação de sequência de ciclos.

IV Reação de sequenciação de ciclos :

A reação de sequenciação cíclica foi preparada utilizando o módulo do kit Applied Biosystem Microseq A amostra foi carregada no sequenciador após desnaturação, de modo a gerar a sequência.

Sistema de reação :

Primário direto/Primário inverso -1 ml

Produto PCR purificado - 3 ml

RR-	0,5 ml
Tampão -	1,8 ml
SMQ-3	.7 ml

Estado do ciclismo

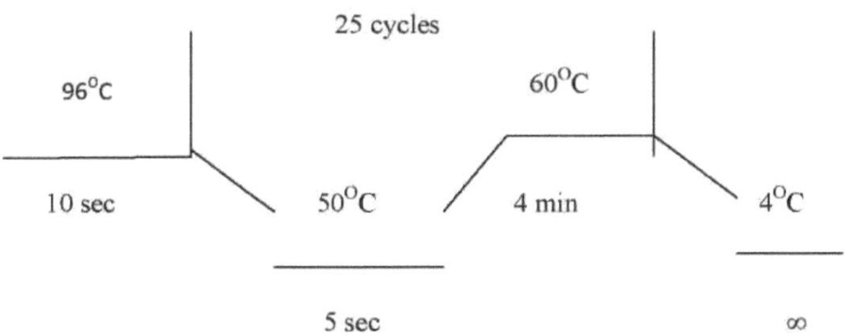

Manter os tubos no termociclador com o programa acima

V Purificação do produto da sequenciação de ciclos.

a. Retirar os tubos do termociclador e adicionar 2,5 µl de EDTA 125 mM e 60 µl de etanol absoluto e incubar durante 15 min à temperatura ambiente.
b. Centrifugar a 10.000 rpm durante 20 min.
c. Deitar fora o sobrenadante e adicionar 60 µl de etanol a 70%, centrifugar a 10.000 rpm durante

10 min.

d. Eliminar o etanol e adicionar 60 µl e 70% de etanol, centrifugar a 10.000 rpm durante 10 min.
e. Secar os tubos e adicionar 10 µl de tampão de carregamento de fórmulas Hi-Di a cada tubo de reação. Após desnaturação por choque térmico (3 min a 95° C) e arrefecimento rápido em gelo, carregar 10 µl de cada uma das reacções em poços individuais do sequenciador e iniciar o programa.

VI Bioinformática:

A sequência gerada após a sequenciação foi submetida a uma análise BLAST na Internet e foram seleccionadas as cinco correspondências mais próximas. Foi gerada uma árvore filogenética com a ajuda do software Clustal W.

Os primers utilizados foram desenvolvidos internamente.

3.6.3 Manutenção da cultura:

Cinco culturas puras de isolados de actinomicetos utilizados em estudos posteriores foram mantidas em ágar glicerol aspargina por subcultura a intervalos mensais. Os actinomicetos foram cultivados a pH 7,5 à temperatura ambiente durante 7 dias. As lâminas foram conservadas no frigorífico. A partir de uma cultura de reserva em crescimento ativo, foram feitas subculturas em lâminas frescas, que foram utilizadas para a síntese de nanopartículas.

Capítulo 4

Resultados e discussões

4.1 Efeito do tratamento pré-aquecido das amostras de água na população actinomicetal

actinomicetal O tratamento térmico foi dado às amostras a 40° C, 60° C e 70° C. Uma amostra não foi tratada e foi tomada como controlo. A tabela n.º 11 mostra a população actinomicetal obtida após 5 dias de incubação das amostras tratadas.

Tabela. 11 : Efeito de ativação térmica.

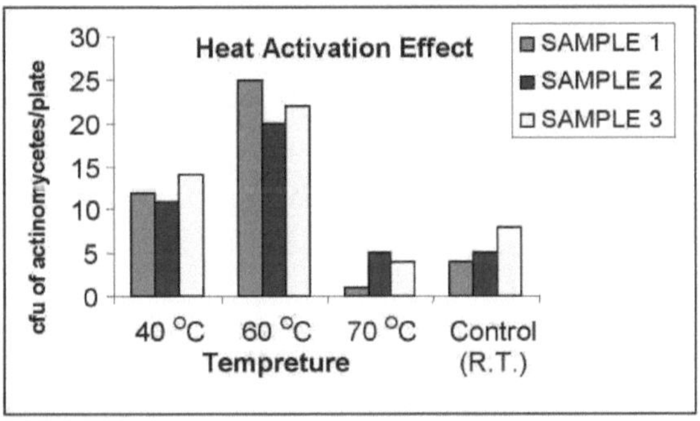

Samples Sr.No.	Average cfu /plate			
	40 ^{0}C	60 ^{0}C	70 ^{0}C	Control (R.T.)
1	12 cfu	25 cfu	01 cfu	04 cfu
2	11 cfu	20 cfu	05 cfu	05 cfu
3	14 cfu	22 cfu	04 cfu	08 cfu

Fig. 12: Efeito de ativação pelo calor - A placa n.º 45 mostra o efeito de fotoactivação na população actinomicetal. É visto nas Fig. 11 e 12 que a amostra aquecida a 60° C dá mais frequência de população actinomicetal em comparação com o aquecimento a 40^0 C e 70^0 C. A média da placa de cfu/após o aquecimento da amostra a 6O° C foi de 25, 20, 22 para três amostras. Esses valores foram máximos para cada amostra.

P.A. Hoskinson *et. al.* (2000) apresentaram a primeira prova direta de que o tratamento térmico pode aumentar o nível de cultivabilidade da população de esporos de *Micromonospora echinospora*. O outro exemplo documentado de dormência constitutiva e ativação pelo calor em actinomicetes foi demonstrado por Hirsch e Ensign (1976) para quatro esporos fracamente velhos de *Streptomyces viridochromogenes*. Houve dois outros estudos que demonstraram o efeito da ativação pelo calor em esporos de espécies de *Micromonospora* (Suarez *et al.* 1980). O tratamento térmico aumenta a taxa de germinação dos esporos, mas não afecta a sua cultivabilidade quando os esporos são expostos a regimes de aquecimento moderado (Ensign *et al.* 1982). Os nossos resultados relativos à ativação de esporos de actinomicetos por tratamento térmico em amostras colhidas em Shivajisagar são semelhantes aos resultados de P.A. Hoskinson (2000), Ensign (1982) (Suarez *et al.* 1980)

Este estudo implica que a maioria dos esporos são constitutivamente dormentes e, por conseguinte, requerem um tratamento de ativação para iniciar a germinação. Um ligeiro choque térmico nas amostras tem implicações importantes na conceção de métodos de isolamento de actinomicetos raros. O nível de cultivabilidade medido em amostras não tratadas em comparação com amostras tratadas termicamente implica que muitos esporos potencialmente viáveis podem escapar ao estado cultivável. O mecanismo de ativação pelo calor é desconhecido, mas o tratamento de pré-aquecimento das amostras envolve uma rápida mudança metabólica que pode representar o início da cascata de eventos que conduzem à quebra de dormência. O tratamento térmico minimiza o número de populações não actinomicetais (Hougjuan Zhao 2004)

4.2 Isolamento de actinomicetos:

No total, 78 actinomicetos foram obtidos do lago Shivajisagar e estudados na presente investigação.

Dos 78 isolados, 4 isolados foram identificados até ao nível da espécie e os restantes 74 isolados foram identificados até ao nível do género. A lista de todos os isolados identificados é apresentada no quadro 13 e as suas características morfológicas são apresentadas na placa 6-17.

4.3 Identificação genérica de actinomicetos :

A identificação a nível genérico foi efectuada utilizando o manual de bacteriologia sistemática de Bergey vol.4, (Williams et al. 1989) e utilizando as chaves de trabalho de McCarty e Williams 1990 para a identificação provisória de actinomicetos isolados do lago Shivajisagar. De acordo com as indicações de William *et al.*, identificámos e agrupámos os isolados em catorze géneros diferentes, tal como indicado no Quadro n.º 13.

Tabela 13: Distribuição genérica dos isolados de actinomicetos.

Sr. No.	Name of identified actinomycetes genus	Morphological characters	Isolate No.
1	*Streptomyces*	Spore mass gray, reverse yellow brown , spore chain rectiflexibles	101, 89, 17, 18,20, I, 7, 6, 19, 26, 32, 50
2	*Streptomyces*	Spore mass white Reverse is yellow brown No diffusible pigment spore chains are spiral	33, 10, 1, 79, 21, 22, A, 51,14,12
3	*Streptomyces*	Spore mass gray Reverse is yellow brown, green Short spore chain on substrate mycelium.	92, 71,25, H, 9,5 ,30.
4	*Streptomyces*	Spore mass white Reverse is brown, gray spore chains are spiral some times rectiflexible, or retinculioperti	8, 63, 73, 72, 31, 74, 15, 44,86,
5	*Streptomyces*	Spore mass yellow Reverse is yellow brown diffusible pigments are produced spore chain rectiflexibles.	39, 2, 54, 60, 29, 53, 37,83,
6	*Streptomyces*	Spore mass gray	47, B, 67,

		Reverse brown Short spiral spore chain in complete spiral hooks & flexuous chain.	16,46,
7	*Streptomyces*	Melanin pigment production Brown diffusible pigment production Spore chains are spiral but short spore chain may form incomplete spirals, hooks & loops.	23, 62, 24, 88, 38,11,77,41
8	*Actinomadura*	Orange brown colored substrate mycelium, Spore chain short hook one or two turns, 4-9 spores/ chain, melanin pigmentation.	80, 43, 34.
9	*Intrasporangia*	Formation of extensive mycelium and inter mycelial vesicles in both terminal and intercalary position.	48, 4.
10	*Nocardia*	Aerial mycelium consisting of irregular sparsely and irregularly branched or unbranched hyphae broken into short to elongated rod like fragments.	56, 3, 57, 13, 68,85.
11	*Micromonospora*	Spores born singly sessile or on short or long spbrophores and branched septate, mycelium aerial mycelium absent.	45,36,27,42 .
12	*Microbispora*	Pairs of spore on aerial mycelium. Spores not usually formed on substrate mycelium	28
13	*Streptoverticiillium*	Consist of long straight filamentous showing side branches at regular intervals	87
14	*Streptosporangium*	Branched mycelium, producing globose sporangia on aerial mycelium	35,91
		Total – 78	

Tabela 14: Distribuição genérica dos isolados de actinomicetos -

Sr. No.	Genus	No. of isolate	% of isolates	Isolate identified up to	
				Species level	Genus level
1	*Streptomyces*	59	72.83	4	55
2	*Nocardia*	6	7.40	-	6
3	*Intrasporangia*	2	2.40	-	2
4	*Actinomadura*	3	3.37	-	3
5	*Micromonospora*	4	4.9	-	4
6	*Microbispora*	1	1.23	-	1
7	*Streptosporangium*	2	2.40	-	2
8	*Streptoverticillium*	1	1.23	-	1
		78	100%	4	74

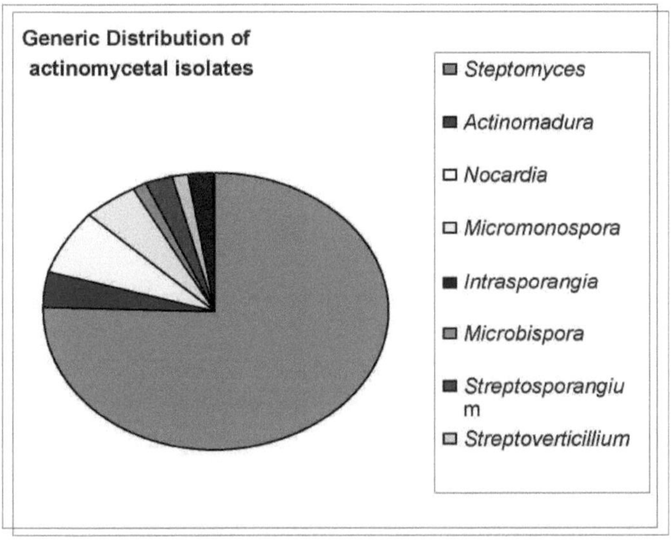

A distribuição genérica de 78 isolados actinomicetais obtidos em Shivajisagar e o seu número são apresentados no quadro 14. Isolados de actinomicetos pertencentes a oito géneros diferentes, nomeadamente *Streptomyces (59), Nocardias (6), Micromonospora (4), Actinomadura (3),*

Intrasporangium (2), Streptosporangium (2), Microbiopora (1) e *Streptoverticillium (1)*

Verificou-se, assim, que *Streptomyces* era o género dominante seguido de *Nocardia* na água sob investigação. Webley *et al.* (1952), Alexander (1961), Lechevalier (1964), Lechevalier e Lechevalier (1967), Jawale *et al.*, (1979), Thomas *et al.* (1980), Elwan *et al.* (1999), Jadhav *et al.*, (2003), Chaugule *et al.*, (2006) e Vijay Kumar *et al.*, (2006) descobriram que 2⁄3rd da população de actinomicetos pertencem a *Streptomyces*. Estes trabalhadores também observaram que *Nocardia domina* depois de *Streptomyces*. A maior parte da microflora aquática é originária do solo; é óbvio que a população microbiana na água é semelhante à do solo. Os nossos resultados são semelhantes aos destes trabalhadores. No entanto, alguns trabalhadores relataram resultados diferentes Konde *et al.* (1978) Hamid *et al* (1980) descobriram que o segundo género dominante é *Micromonospora* ou *Chainia* mas não *Nocardia*.

4.3 Identificação ao nível das espécies dos cinco isolados seleccionados :

As propriedades enzimáticas e degradativas dos *Streptomyces* são bem conhecidas, mas o seu significado ecológico ainda não foi elucidado. *Os Streptomyces* são geralmente considerados mais activos nas fases mais avançadas da decomposição de plantas e outros materiais, desempenhando um papel importante na transformação de materiais relativamente complexos. Foi demonstrado (Williams, 1978) que alguns *Streptomyces* atacam tanto a celulose como os componentes de lignina das lignoceluloses. *Os Streptomyces* têm potencial para degradar outros polímeros naturais, como a quitina, as hemiceluloses, a pectina, o material da parede celular dos fungos e têm sido implicados na degradação de herbicidas (Percich e Lockwood, 1978), plásticos (Sharpel, 1980), taninos polifenólicos (Lewis e Starky, 1969) e ácidos húmicos (Szegi e Gulyas, 1968). Existem provas circunstanciais que sugerem que *os Streptomyces* contribuem para o controlo de agentes patogénicos fúngicos e foi conseguida alguma redução da gravidade da doença através da inoculação de sementes ou plântulas com *Streptomyces* potencialmente antagonistas (Mehrotra,1980, Rothrock e Gottlieb, 1980)

Os Streptomyces estão amplamente distribuídos em habitats aquáticos, mas a possibilidade de serem arrastados a partir de habitats terrestres circundantes deve ser sempre considerada. A ecologia de *Streptomyces* em ambientes aquáticos tem recebido pouca atenção e muitas questões permanecem em aberto (Cross 1980, Goodfellow e Haynes 1984). A maioria dos estudos procurou determinar o número de *Streptomyces* em habitats aquáticos aplicando procedimentos concebidos para o isolamento seletivo de estirpes de fontes terrestres.

É improvável que *os Streptomyces* constituam uma componente integral da flora microbiana indígena do ecossistema aquático, mas não existe qualquer razão prévia para supor que não possam crescer em habitats aquáticos, dada a disponibilidade dos nutrientes necessários aos microrganismos organotróficos e as condições ambientais adequadas. A produção de sabores e odores terrosos em reservatórios e fontes de abastecimento de água tem sido frequentemente atribuída a *Streptomyces* (Wood *et al.*, 1983). A geosmina e o metilisoborneol são compostos voláteis comuns associados à formação de odores terrosos que foram detectados em *Streptomyces*.

Tendo em conta as aplicações potenciais de *Streptomyces* acima referidas, para estudos posteriores, seleccionámos cinco isolados de géneros *Streptomyces, nomeadamente* o isolado 8, o isolado 11, o isolado A, o isolado 74 e o isolado 80.

Quadro 15a: Características coloniais e morfológicas de cinco isolados.

Sr. No.	Isolate	Colonial and Morphological characters
1	74	Spore mass gray. Reverse is yellow brown Spore chain rectiflexibles.
2	11	Brown, pink diffusible pigment production Spore chains are spiral but short spore chain may form incomplete spirals, hooks and loops.
3	8	Spore mass white, Reverse is gray Spore chains are spiral some times rectiflexibles or retinaculoperti.
4	A	Spore mass white Reverse is grayish black No diffusible pigment Spore chain are spiral
5	80	Brown colored substrate mycelium, melanin pigmentation Spore chain short hook, one to two turns, 4-9 spores/turn.

4.3.1 Características bioquímicas de cinco isolados seleccionados :

4.3.1.1 Actividades enzimáticas de cinco isolados seleccionados :

A atividade enzimática de cinco isolados na Tabela 15 b , mostra que todos os cinco isolados (74, 11, 8, 11, 80) possuem atividade de amilase e protease. Os isolados 74, 11 e 8 possuem atividade de gelatinase. Os isolados 74 e A possuem atividade de celulose. As actividades de lipase e lecitinase foram positivas para os isolados 8 e 80. Os isolados 74, 11, 8 e A são positivos para a atividade de catalase. Os isolados 11 e 80 apresentam uma atividade urease positiva. Vários investigadores em investigações anteriores também referiram que os actinomicetos obtidos do solo e da água possuem um elevado número de actinomicetos enzimaticamente activos. Desai e Dhala (1969), Morihara (1974), Isizawa e Arargi (1976), Pokorhy e Vitale (1980), Mansour e Machaly (1986), Patke e Dey (1996), Ellaiach (1996) e Kulkarni e Deshmukh (1999) detectaram atividade de protease em isolados de actinomicetos. Krassilnikov (1938), Stab (1953), Shejul e Kapdnis (1998) estudaram a atividade de gelatinase. A atividade de amilase foi registada por Abraham e Herr (1964), Fogarly (1983) Williams *et a.l* (1983), Chaphalkar e Dey (1998) Obi e Obido (1984-a, 1984-b), Stamford *et al.* (2001) e Nawahi *et al.* (2002) A atividade de celulose em actinomicetos foi registada por Stutzenberger (1972), Crawford (1975) Konde (1978) Hagerdal *et al,* (1980), moreira *et al.,* (1981) Li e fan (1987), Deobald e Crowford (1987) Shejul e Kapdnis (1998) e George (2001) . Abd - Allah (2001), Hiroshi Tsjibo *et al* (2003), Chakrabarti *et al* (1978), Chaphalkar e Dey (1993), Patke e Dey (1996), Sommer, Bormann e Gotz (1997), Kulkarni - Deshmukh (1999) detectaram a atividade de lecitinase em actinomicetos.

Quadro 15b Caracteres bioquímicos de cinco isolados seleccionados:

Sr. No	Isolate No.	Cell Wall type	Sugar pattern	L lactose	Maltose	Mannitol	Fructose	Sucrose	amylase	Gelatinase	Caseinase (protease)	Cellulase	Lipase	Lecuthinase	catalase	urease
1	74	I	No characteristic sugar	+	+	-	+	+	+	+	+	+	-	-	+	-
2	11	I	No characteristics sugar.	+	-	+	+	+	+	+	+	-	-	-	+	+
3	8	I	No characteristics sugar	+	+	+	+	+	+	+	+	-	+	+	+	-

4	A	I	No characteristics	+	+	+	+	-	+	-	+	+	-	-	+	+
5	80	I	No characteristics	+	-	+	-	+	+	-	+	-	+	-	-	+

4.3.1.2 Utilização de fontes de carbono : Os estudos são realizados para a utilização de carbono por cinco isolados seleccionados para estudos adicionais em meio de ágar basal Shirling e Gottlieb contendo 1,0 w/v de substrato de carbono. Os substratos de carbono utilizados para o estudo são L-lactose, D-maltose, D-manitol, D-frutose e D-sacarose. O resultado da utilização de carbono é apresentado na Fig.15 b., que mostra que o isolado número 74 pode utilizar Lactose, Maltose e Sacarose, mas não pode utilizar Manitol e Frutose. O isolado nº 11 pode utilizar Lactose, Manitol, Frutose, Sacarose e não pode utilizar Maltose. O isolado nº 8 pode utilizar Lactose, Maltose, Manitol, Frutose, Sacarose. O Isolado nº A pode utilizar Lactose, Maltose, Manitol, Frutose, Sacarose. Isolado n.º 80. Lactose, Manitol, Sacarose e não pode utilizar Maltose e Frutose.

4.3.1.3 Tipo de parede celular e padrão de açúcar em toda a célula :

O tipo de parede celular e o padrão de açúcares de toda a célula de cinco isolados na Fig. 15 b. mostram que o isolado n.º 74, 11, 8, A possui parede celular do tipo I e o isolado n.º 80 tem parede celular do tipo III. 74, 11, 8 e A possuem parede celular do tipo I e o isolado n.º 80 possui parede celular do tipo III. Os isolados n.º 74, 11, 8 e A não apresentam qualquer açúcar caraterístico, enquanto o isolado 80 também não apresenta qualquer açúcar caraterístico no seu hidrolisado de células inteiras.

Cummins e Hareis (1956), Hoare *et al.*, (1957) Jougestautter (1961), Cummins (1962) diferenciaram *Streptomyces* e *Nocardia* com base na composição da parede celular. Becker *et al* (1965), Yamaguchi (1965), Suput *et al* (1967), Lacey e Goodfellow (1975), Wilson *et al* (1998) e Beau *et al* (1999) concluíram que a combinação da parede celular e do padrão de açúcares de toda a célula permite a separação de grupos taxonomicamente úteis de actinomicetos aeróbios.

4.3.2 : Microscopia eletrónica de varrimento :

Jiang *et al.* (2001), Li *et al.* (2003) Kim *et al.* (2003) isolaram e identificaram actinomicetos por microscópio eletrónico de varrimento. Foram efectuados outros estudos morfológicos de cinco isolados selectivos por MEV. Para estudar a natureza dos esporos e a morfologia das cadeias, foi utilizado um método modificado e os isolados foram observados por MEV.

Procedimento para a preparação de amostras para o microscópio eletrónico de varrimento :

Para a *preparação* das amostras para SEM, *foi utilizado o método indicado por* Gidvanni e Lopez Ferrer (2004), Buchaco *et al. e* Goodefellow *et al.* (1989). Um bloco de ágar com uma colónia esporulada foi fixado em glutaradeído a 2% durante 48 horas e lavado com tampão fosfato. Seguiu-se a desidratação em graus de álcool - 25%, 50%, 75%, 100% - e a secagem até ao ponto crítico, tendo sido colocado em fita de carbono de duas faces num substrato de vidro.

Quando seguimos o método acima, os procedimentos de fixação e desidratação causam danos na estrutura morfológica reprodutiva, ou seja, na morfologia da cadeia de esporos. Para ultrapassar este problema, modificámos o método de SEM para estudar a morfologia da cadeia de esporos. As placas n.º 21 e 22 mostram a morfologia actinomicetal por MEV segundo o método antigo e o método modificado

Método modificado :

1. Para a preparação do MEV, as amostras de actinomicetos foram cultivadas em placas de ágar frescas através da técnica de cultura em lamelas em condições óptimas de crescimento.
2. As lamelas com forte crescimento micelial e esporulação foram retiradas do meio de ágar.
3. As lamelas com crescimento actinomicetal esporulado foram mantidas à temperatura ambiente (a temperatura média da sala era de 32° C) num ambiente sem pó durante 1 mês.
4. Após um mês, as culturas foram secas por exposição a vapores de álcool absoluto durante 30 minutos.
5. Finalmente, as culturas tratadas foram mantidas a 60° C na estufa durante 1 hora.
6. As culturas em lamelas secas foram colocadas em fita de carbono de duas faces num substrato de vidro.
7. A pulverização catódica de platina é efectuada durante 30 minutos para desenvolver salpicos de platina com uma espessura de 20 nm.
8. As amostras foram analisadas a 8 KV num microscópio eletrónico de varrimento, JEOL JSM 6360.

Desvantagens do método antigo:

1. O método é laborioso e de difícil execução.
2. Normalmente, a amostra queima-se devido à alta tensão durante o varrimento.
3. A imagem obtida por este método não é claramente evidenciada por fotografias.

Vantagens do método modificado:

1. O método é simples de executar.
2. Não perturba a estrutura morfológica reprodutiva, ou seja, a morfologia da cadeia de esporos.
3. A amostra não queima a alta tensão devido à desidratação completa durante o processo.

4.3.3 Identificação por ADN 16sr

Identificação ao nível das espécies de cinco isolados seleccionados n.º 74, 11, 8, A, 80 efectuada pelo método de ribotipagem de ADN 16 s r. Os resultados são os seguintes,

Resumo

Sr. No.	Sample Name	Job-Code	Target locus	Comments
1	80	BI/28.4.07/237	16s ribosomal DNA	Fail
2	74	BI/28.4.07/238	16s ribosomal DNA	Identified
3	11	BI/28.4.07/239	16s ribosomal DNA	Identified
4	8	BI/28.4.07/240	16s ribosomal DNA	Identified
5	A	BI/28.4.07/241	16s ribosomal DNA	Identified

Nome da amostra 74

Biblioteca

Library	Comments
NCBI Data Base	Public domain

Fig. 16 : Análise do rDNA 16S da lista de ocorrências do isolado 74 (BI238)

Sample No.	Librar y	Sequence Name	% Match	No. of bases searched	Total mismatc hes
BI238	NCBI	*Streptomyces* sp. LD021.	97	727	2
	NCBI	*Actinomycetales* bacterium. 06	96	727	8
	NCBI	*Streptomyces*. sp. -37	96	727	8
	NCBI	*Streptomyces* sp. BL803	96	727	8
	NCBI	*Actinomycetales* bacterium. 02	96	727	8

Fig. 17 : Alinhamento conciso

	16	183
BI238	A	C
Streptomyces sp.LD021.	T	T

Fig18: ÁRVORE FILOGENÉTICA

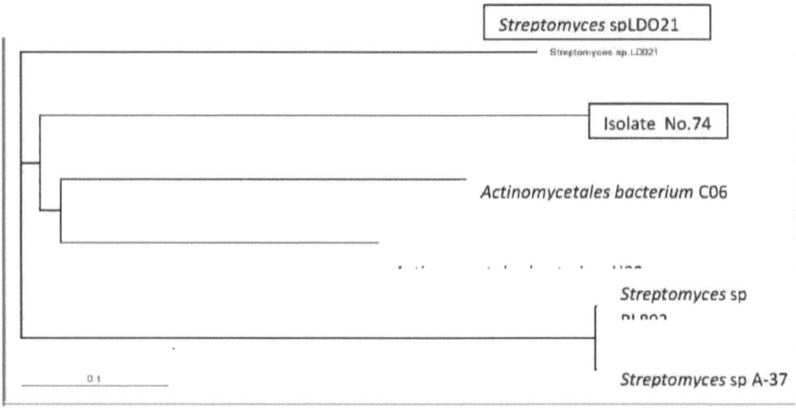

Fig. 19 : SEQUÊNCIA:

BI238R

CCTCGTCCGGGCTCGCACCTCAGCGTCAGTATCGGCCCAGAGATCCGCCTT
CGCCACCGGTGTTCCTCCTGATATCTGCGCATTTCACCGCTACACCAGGAA
TTCCGATCTCCCCTACCGAACTCTAGCCTGCCCGTATCGACTGCAGACCCG
GGGTTAAGCCCCGGGCTTTCACAACCGACGCGACAAGCCGCCTACGAGCT
CTTTACGCCCAATAATTCCGGACAACGCTCGCGCCCTACGTATTACCGCGG
CTGCTGGCACGTAGTTAGCCGGCGCTTCTTCTGCAGGTACCGTCACTTTCG
CTTCTTCCCTGCTGAAAGAGGTTTACAACCCGAAGGCCGTCATCCCTCACG
CGGCGTCGCTGCATCAGGCTTTCGCCCATTGTGCAATATTCCCCACTGCTG
CCTCCCGTAGGAGTCTGGGCCGTGTCTCAGTCCCAGTGTGGCCGGTCGCCC
TCTCAGGCCGGCTACCCGTCGTCGCCTTGGTGAGCCATTACCTCACCAACA
AGCTGATAGGCCGCGGGCTCATCCTGCACCGCCGGAGCTTTCGAACCGCT
TGGATGCCCAAGCGGGTCAGTATCCGGTATTAGACCCGTTTCCAGGGCTT
GTCCCAGGTGCAGGGCAGATTGCCCCGTGATACTCACCAGTTCGCAGTAA
TCGCACCGAAGTGGTCATCGTTCAACTTGATGTGTAAAGCACGCCGCCAG
CGTTCGTCTGATCCCGGGTCAACC

Nome da amostra 11

Biblioteca

Library	Comments
NCBI Data Base	Public domain

Fig. 20: Análise do rDNA 16S da lista de ocorrências do isolado 11 (BI239)

Sample No.	Library	Sequence Name	% Match	No. of bases searched	Total mismatches
BI239	NCBI	Streptomyces sp 3194	97	733	2
	NCBI	Streptomyces enissocaesilis	96	733	11
	NCBI	Streptomyces vinaceusdrappus	96	733	11
	NCBI	Streptomyces maritimus	96	733	11
	NCBI	Streptomyces griseodotifer	96	733	11

Fig. 21: ALINHAMENTO CONCISO

	728	733
BI239	-	G
Streptomyces sp.3194	C	A

Fig. 22: ÁRVORE FILOGENÉTICA

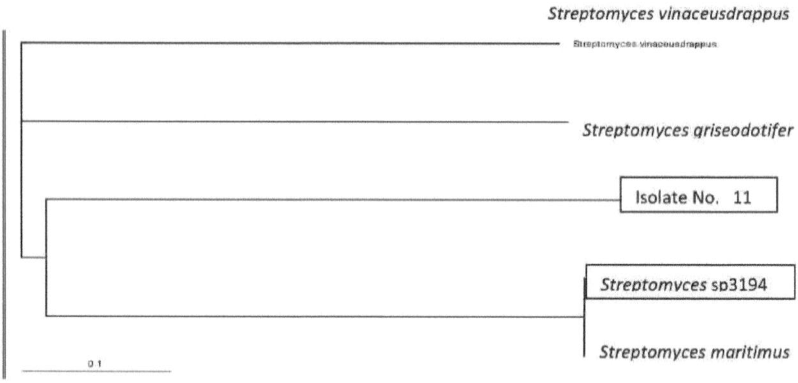

Fig. 23: SEQUÊNCIA:

BI239R

GATAGTCAGCGCTCGCTCTCAGCGTCAGTATCGGCCCAGAGATCCGCCTTC

GCCACCGGTGTTCCTCCTGATATCTGCGCATTTCACCGCTACACCAGGAAT

TCCGATCTCCCCTACCGAACTCTAGCCTGCCCGTATCGACTGCAGACCCGG

GGTTAAGCCCCGGGCTTTCACAACCGACGTGACAAGCCGCCTACGAGCTC

TTTACGCCCAATAATTCCGGACAACGCTTGCGCCCTACGTATTACCGCGGC

TGCTGGCACGTAGTTAGCCGGCGCTTCTTCTGCAGGTACCGTCACTTTCGC

TTCTTCCCTGCTGAAAGAGGTTTACAACCCGAAGGCCGTCATCCCTCACGC

GGCGTCGCTGCATCAGGCTTTCGCCCATTGTGCAATATTCCCCACTGCTGC

CTCCCGTAGGAGTCTGGGCCGTGTCTCAGTCCCAGTGTGGCCGGTCGCCCT

CTCAGGCCGGCTACCCGTCGTCGCCTTGGTGAGCCGTTACCTCACCAACTA

GCTGATAGGCCGCGGGCTCATCCTGCACCGCCGGAGCTTTCGAACCTCGC

AGATGCCTGCGAGGATCAGTATCCGGTATTAGACCCCGTTTCCAGGGCTT

GTCCCAGAGTGCAGGGCAGATTGCCCACGTGTTACTCACCCGTTCGCCACT

AATCCCCACCGAAGTGGTTCATCGTTCGACTTGCATGTGTTAAGCACGCCG

CCAGCGTTCGTCCTGAGCGGGGTCAAACAT

Nome da amostra 8

Biblioteca

Library	Comments
NCBI Data Base	Public domain

Fig. 24: Análise do rDNA 16S da lista de ocorrências do isolado 8 (BI240)

Sample No.	Library	Sequence Name	% Match	No. of bases searched	Total mismatches
BI240	NCBI	Streptomyces rameus strain NBR	99	709	2
	NCBI	Streptomyces tricolor	98	709	4
	NCBI	Streptomyces rameus	98	709	4
	NCBI	Streptomyces	98	709	4

		achromogenes			
	NCBI	Streptomyces tricolor strain AS	98	709	4

Fig 25 : ALINHAMENTO CONCISO

	181	700
BI240	C	A
Streptomyces rameus strain NBR	N	G

Fig. 26 : ÁRVORE FILOGENÉTICA

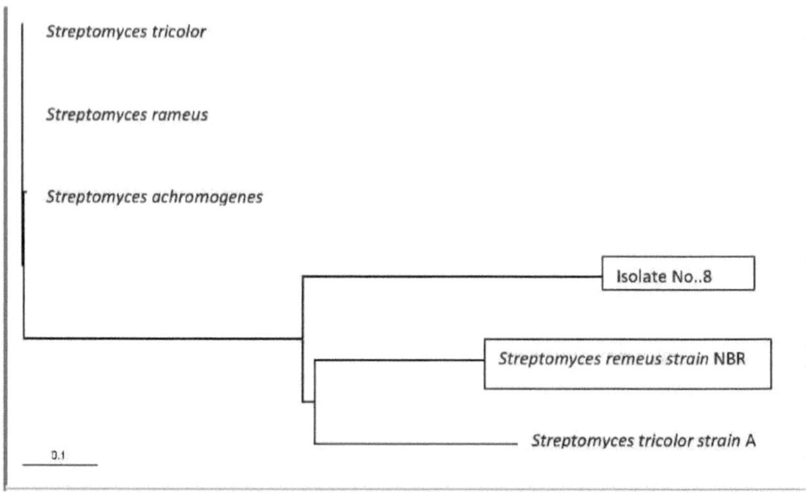

Fig. 27 : SEQUÊNCIA:

BI240R

GCACATCTGTCTCGCTCTCAGCGTCAGTACGGCCCAGAGATCCGCCTTCGC
CACCGGTGTTCCTCCTGATATCTGCGCATTTCACCGCTACACCAGGAATTC
CGATCTCCCCTACCGAACTCTAGCCTGCCCGTATCGAATGCAGACCCGGG
GTTAAGCCCCGGGCTTTCACATCCGACGCGACAAGCCGCCTACGAGCTCT
TTACGCCCAATAATTCCGGACAACGCTTGCGCCCTACGTATTACCGCGGCT
GCTGGCACGTAGTTAGCCGGCGCTTCTTCTGCAGGTACCGTCACTTTCGCT
TCTTCCCTGCTGAAAGAGGTTTACAACCCGAAGGCCGTCATCCCTCACGCG
GCGTCGCTGCATCAGGCTTGCGCCCATTGTGCAATATTCCCCACTGCTGCC
TCCCGTAGGAGTCTGGGCCGTGTCTCAGTCCCAGTGTGGCCGGTCGCCCTC
TCAGGCCGGCTACCCGTCGTCGCCTTGGTGAGCCGTTACCTCACCAACAA
GCTGATAGGCCGCGGGCTCATCCTGCACCGCCGGAGCTTTACAACCCGGG
AGATGCCTCCCAGGCTCATATCCGGTATTAGACCCCGTTTCCAGGGCTTGT
CCCAGAGTGCAGGGCAGATTGCCCACGTGTTACTCACCCGTTCGCCACTA
ATCCCCTCCCGAAGGAGGTTCATCGTTCGACTTGCATGTGTTAAGCACGCC
ACCAGCGTTCGTCCTGAGAGGGGTTAAAAATTA

Nome da amostra A

Biblioteca

Library	Comments
NCBI Data Base	Public domain

Fig. 28: Análise do rDNA 16S da lista de ocorrências do isolado A (BI241)

Sample No.	Library	Sequence Name	% Match	No. of bases searched	Total mismatches
BI241	NCBI	Streptomyces griseodotifer	99	737	4
	NCBI	Streptomyces enissocaesilis	98	737	6
	NCBI	Streptomyces sp.3194	98	737	6
	NCBI	Streptomyces	97	737	6

		maritimus			
	NCBI	Streptomyces vinaceusdrappus strain NRRL	97	737	6

Fig. 29 : ALINHAMENTO CONCISO

	24	36	673	729
BI241	-	G	-	G
Streptomyces.griseodotifer	A	A	G	A

Fig 30 : ÁRVORE FILOGENÉTICA

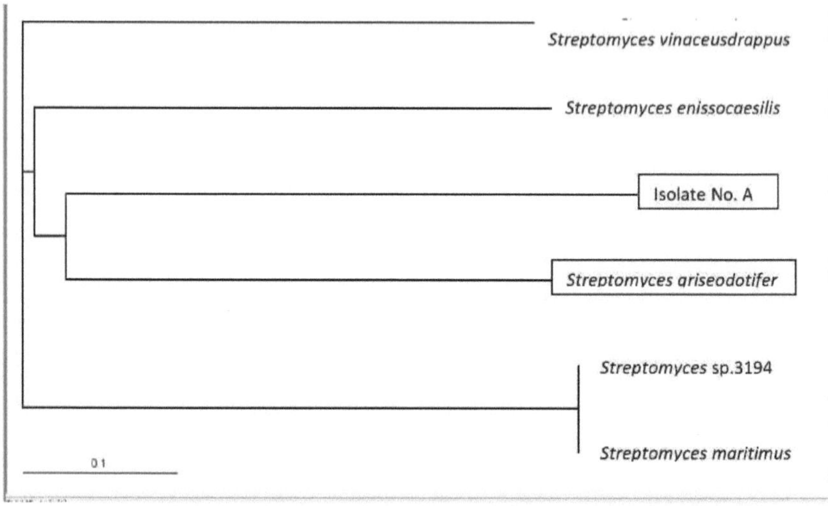

Fig. 31 : SEQUÊNCIA:

BI241R
CAAAGTATGGCTCGCACTCAGCGTCAGTTCGGCCCAGAGATCCGCCTTCG
CCACCGGTGTTCCTCCTGATATCTGCGCATTTCACCGCTACACCAGGAATT
CCGATCTCCCCTACCGAACTCTAGCCTGCCCGTATCGACTGCAGACCCGGG
GTTAAGCCCCGGGCTTTCACAACCGACGTGACAAGCCGCCTACGAGCTCT
TTACGCCCAATAATTCCGGACAACGCTTGCGCCCTACGTATTACCGCGGCT
GCTGGCACGTAGTTAGCCGGCGCTTCTTCTGCAGGTACCGTCACTTTCGCT
TCTTCCCTGCTGAAAGAGGTTTACAACCCGAAGGCCGTCATCCCTCACGCG
GCGTCGCTGCATCAGGCTTTCGCCCATTGTGCAATATTCCCCACTGCTGCC
TCCCGTAGGAGTCTGGGCCGTGTCTCAGTCCCAGTGTGGCCGGTCGCCCTC
TCAGGCCGGCTACCCGTCGTCGCCTTGGTGAGCCGTTACCTCACCAACTAG
CTGATAGGCCGCGGGCTCATCCTGCACCGCCGGAGCTTTCGAACCTCGCA
GATGCCTGCGAGGATCAGTATCCGGTATTAGACCCCGTTTCCAGGGCTTGT
CCCAGAGTGCAGGGCAGATTGCCCACGTGTTACTCACCCGTTCGCCACTA
ATCCCCACCGAAGTGTTCATCGTTCGACTTGCATGTGTTAAGCACGCCGCC
AGCGTTCGTCCTGAGCGGGTCAAACAT

De acordo com a lista de correspondência para % de correspondência, alinhamento conciso, sequência genética e árvore filogenética, observou-se que o isolado n.º 74 apresenta uma correspondência de 97% com *Streptomyces* sp. LD021, o isolado n.º ll apresenta uma correspondência de 97% com *Streptomyces* sp.3194, o isolado n.º 8 apresenta uma correspondência de 99% com *Streptomycete rameus* estirpe NBR, o isolado n.º A possui uma correspondência de 99% com *Streptomyces griseodotifier*.

Assim, os nomes identificados das espécies de cinco actinomicetos isolados foram

Isolado74	***Streptomycessp* LD021**
Isolado11	***Streptomycessp* 3194**
Isolado8	***Streptomycesrameus* estirpe NBR**
IsoladoA	***Streptomycesgriseodotifer***

Isolado 80 *Espécies de Streptomyces não identificadas* (SND)

A sequenciação de ADN 16 S r é menos dispendiosa do que a metodologia convencional, independentemente *das* actividades bioquímicas. Victoria *et. al. (2003),* Labeda *(1991), Weisburg et al* (1991), Saad *et. al.* (1992) Nimi e Hotta (1994) utilizaram a metodologia do ADN 16 S r. Chun e Goodfellow (1995) Christova *et. al.* (1995) estudaram a diversidade e as características biológicas dos actinomicetes aquáticos utilizando o ADN 16 S r. Stackebrandt *et al.* (1996) , Huddleston *et .al.* (1997) Rheims *et.al.* (1998) Willson *et.al.* (1998) identificaram isolados clínicos utilizando a PCR. Zwart *et.al.* (1999), Beau *et al.* (1999), Yoon e Park (2000), Atlan (2001) utilizaram o método de sequenciação do ADN 16S r para identificar diferentes espécies de actinomicetos. Mincer (2002) Sessich *et. al.* (2002) Zaitlin *et. al.* (2003), Groth *et.al.* (2003) Davelos *et. al.* (2004), Kim *et.al.*(2005),Dhanasekaran (2005) utilizaram a ribotipagem do ADN 16S r para a classificação dos actinomicetes

Placa n.º 1 Local de recolha de amostras perto da queda de Ozarde

Placa n.º 2 Local de recolha de amostras perto de Konjawale

Placa n.º 3 Local de recolha de amostras perto de kati

Placa n.º 4 Local de recolha de amostras perto de Navaja

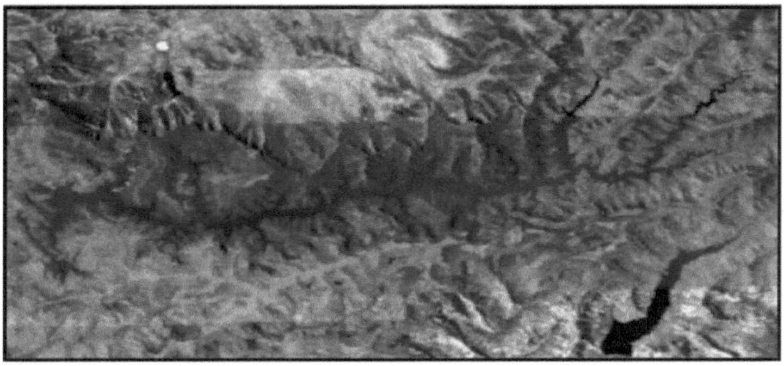

Placa n.º 5 Vista de satélite de Shivaji sagar

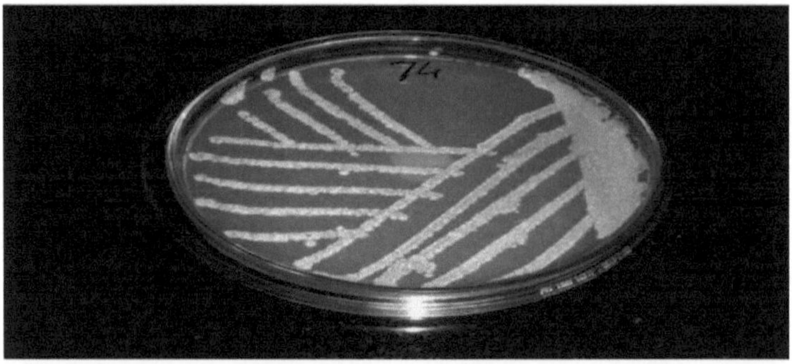

Placa n.º 6 Morfologia da colónia de *Streptomyces sp LD021* da frente

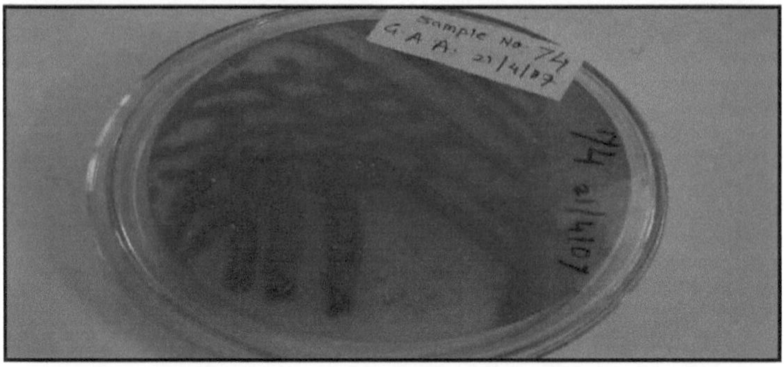

Placa n.º 7 Morfologia das colónias de *Streptomyces sp LD021* do inverso

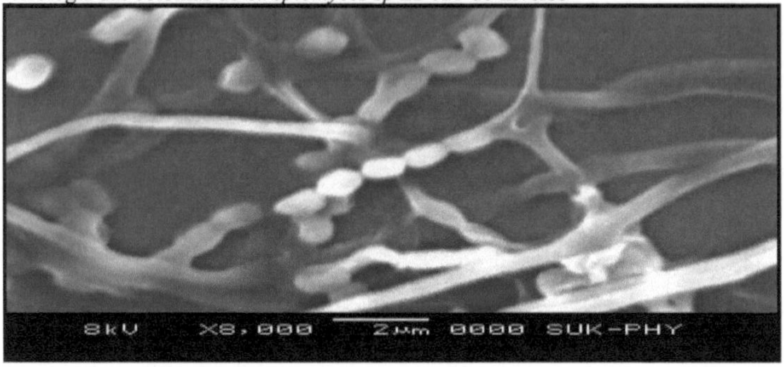

Placa n.º 8 Morfologia da cadeia de esporos de *Streptomyces sp LD021* observada em MEV

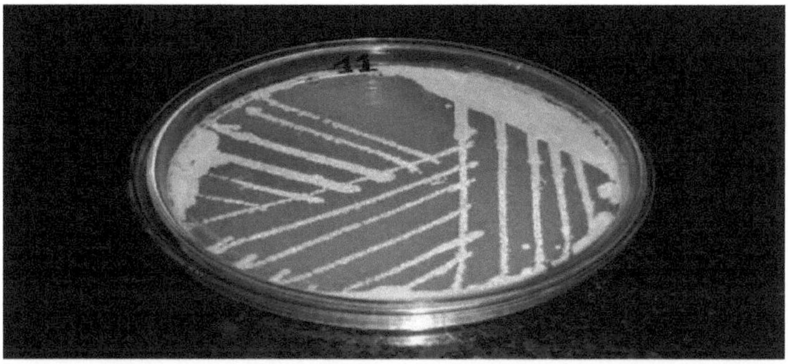

Placa n.º 9 Caracteres da colónia de *Streptomyces sp 3194* (isolado n.º 74) da frente

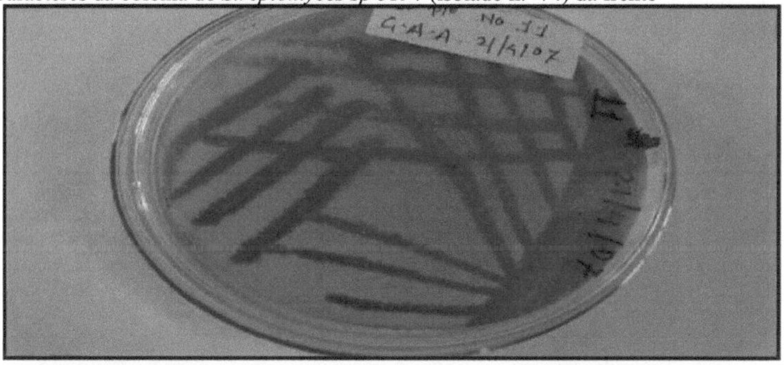

Placa n.º 10 Morfologia das colónias de *Streptomyces sp 3194* (isolado n.º 74) de

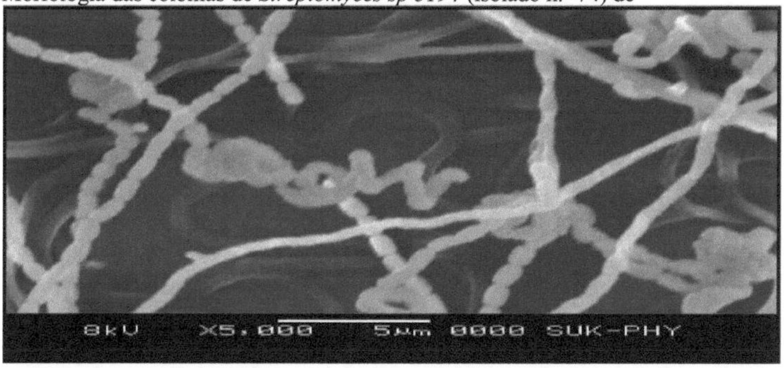

Placa n.º 11 Ornamentação da cadeia de esporos de *Streptomyces sp 3194* (isolado n.º 74) observada em MEV

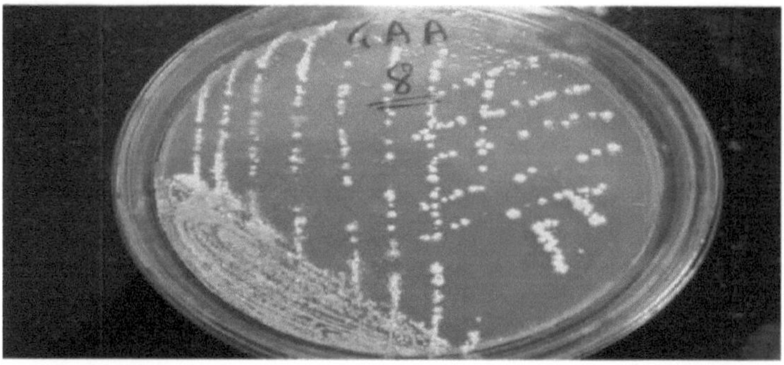

Placa n.º 12 Caracteres da colónia de *Streptomyces rameus* estirpe NBR (isolado n.º 8) da frente

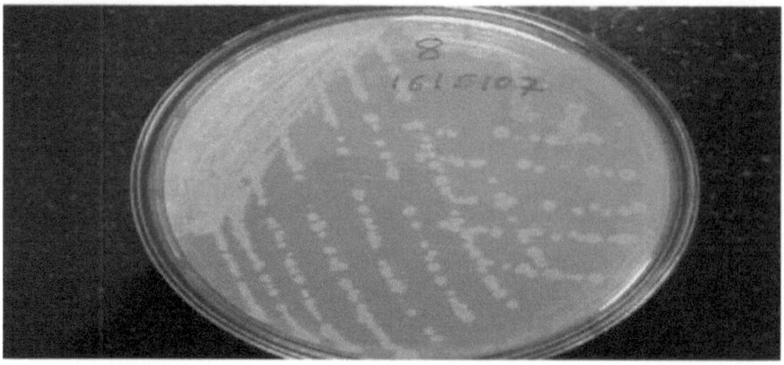

Placa n.º 13 Caracteres das colónias da estirpe NBR *de Streptomyces rameus (isolado n.º 8) provenientes de*

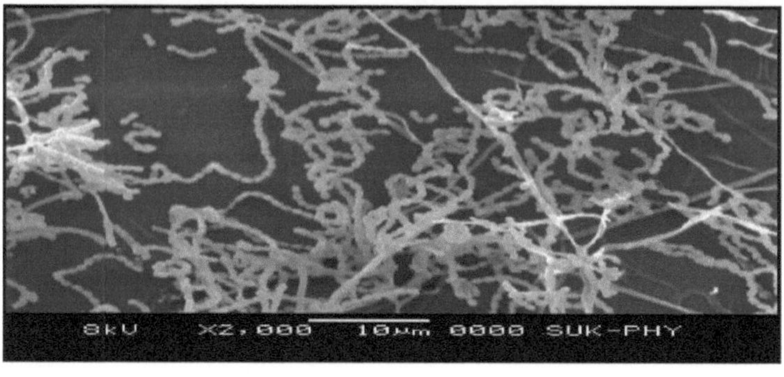

Placa n.º 14 Ornamentação da cadeia de esporos da estirpe NBR de Streptomyces rameus (isolado n.º 8) observada em MEV.

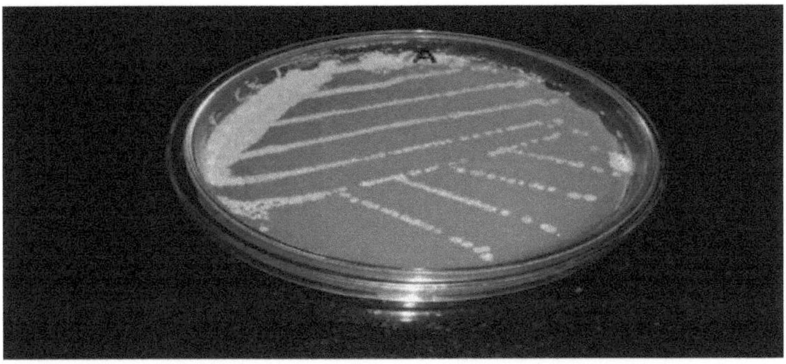

Placa n.º 15 Morfologia da colónia de *Streptomyces griseodotifer* (isolado n.º A) da frente

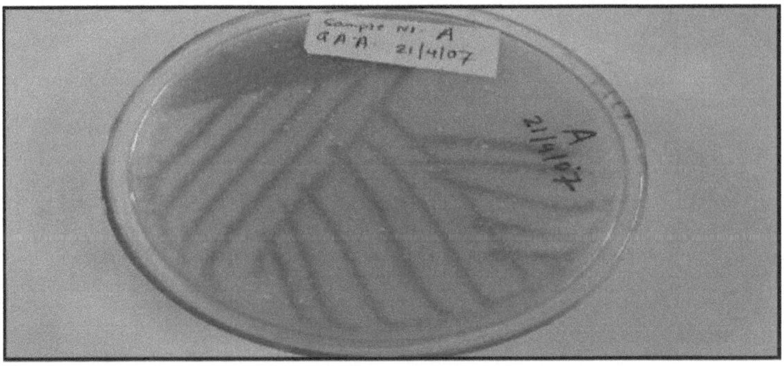

Placa n.º 16 Morfologia das colónias de *Streptomyces griseodotifer* (isolado n.º A) de

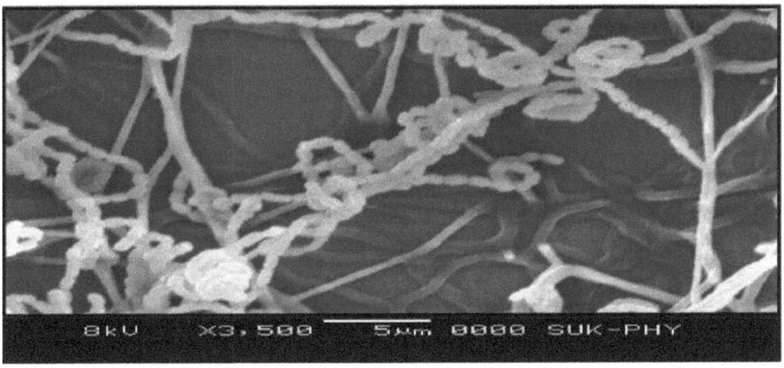

Placa n.º 17 Ornamentação da cadeia de esporos de *Streptomyces griseodotifer* (isolado n.º A) observada em MEV

Placa n.º 18 Morfologia da colónia de *Streptomyces* spp. (SND) (isolado n.º 80) da frente

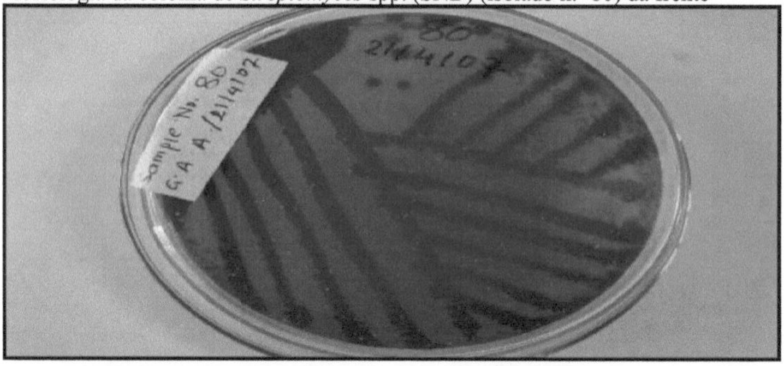

Placa n.º 19 Morfologia das colónias de *Streptomyces* spp. (SND) (isolado n.º 80) de

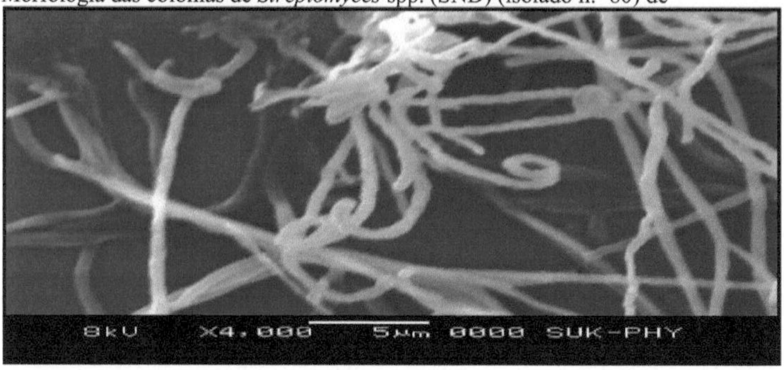

Placa n.º 20 Ornamentação da cadeia de esporos de *Streptomyces* spp. (SND) (isolado n.º 80) observada em MEV

Placa n.º 21 Fotografia SEM da morfologia da cadeia de esporos da estirpe NBR de *Streptomyces rameus* por método regular

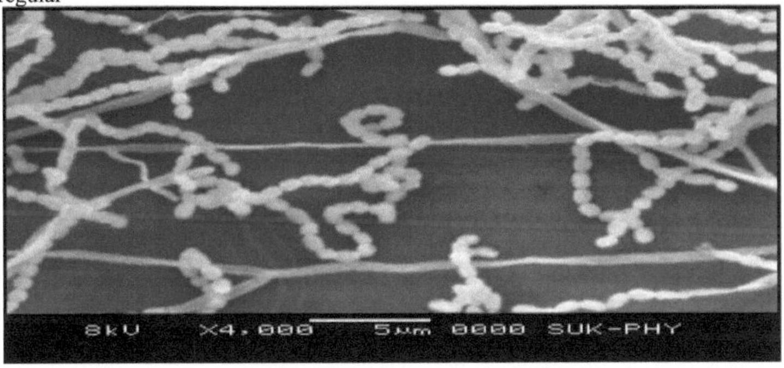

Placa n.º 22 Fotografia SEM da morfologia da cadeia de esporos da estirpe NBR de *Streptomyces rameus* preparada pelo nosso método modificado

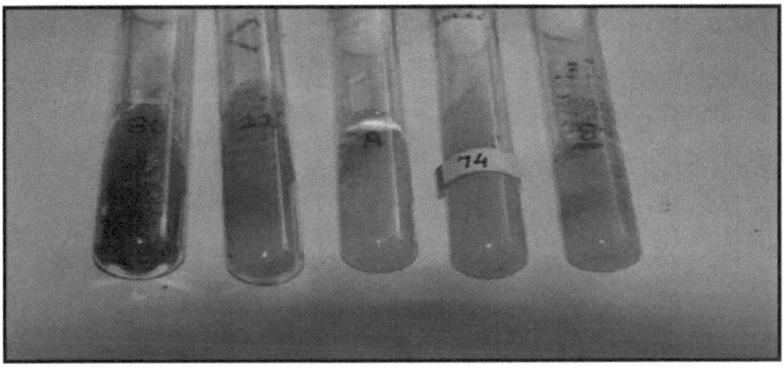

Placa n.º 23 Propriedade de pigmentação de *Streptomyces* spp.(SND), *Streptomyces* spp. LD02 , *Streptomyces* griseodotifer , *Streptomyces* spp. 3174, *Streptomyces* rameus estirpe NBR (isolado n.º 80, 11,A, 74,8.

Capítulo 5
Resumo e conclusões

Os actinomicetos são bem conhecidos como produtores de antibióticos e, por conseguinte, têm sido objeto de interesse para a comunidade científica e industrial. Dois terços dos antibióticos actuais são produzidos por actinomicetos. Para além dos antibióticos, os actinomicetos são bons produtores de várias enzimas de importância industrial, farmacêutica e médica. Verifica-se que têm aplicação na agricultura, na transformação de antibióticos e na decomposição de matéria orgânica complexa. Devido ao seu elevado significado económico, os actinomicetos do habitat terrestre têm sido extensivamente estudados, mas relativamente poucos esforços têm sido feitos com actinomicetos aquáticos.

A investigação foi efectuada para estudar os actinomicetos do lago Shivajisagar em Patan tehsil, Dist-Satara, tendo sido recolhidas vinte e quatro amostras de água de quatro locais diferentes do lago Shivajisagar durante o período de junho a agosto de 2003.

Foram efectuadas análises microbiológicas das amostras de água e características dos actinomicetos:-

1) Estudar o efeito de choques térmicos em amostras de água sobre a população actinomicetal.
2) Efetuar estudos pormenorizados dos caracteres morfológicos e culturais dos actinomicetos e da sua distribuição genérica.
3) Selecionar isolados de *Streptomycetes* para tolerância a metais.
4) Estudar as actividades bioquímicas, enzimáticas e de utilização do carbono de cinco isolados de *Streptomyces* seleccionados.
5) Estudar as características morfológicas de cinco isolados de *Streptomyces* seleccionados utilizando o microscópio eletrónico de varrimento (SEM).
6) Identificar cinco isolados de *Streptomyces* seleccionados pelo método de ribotipagem de ADN 16 S r.

Os resultados obtidos no inquérito são resumidos do seguinte modo

1. Tratamento pré-aquecido das amostras de água:

O tratamento pré-aquecido das amostras implica uma rápida alteração metabólica que pode representar o início de uma cascata de acontecimentos que conduzem à quebra de dormência dos esporos. O tratamento térmico a 60° C das amostras de água minimiza o número de populações não actinomicetais.

Este estudo implica que a maioria dos esporos são constitutivamente dormentes e, por conseguinte, requerem um tratamento de ativação para iniciar a germinação. Um ligeiro choque térmico nas amostras tem implicações importantes na conceção de métodos de isolamento de actinomicetos raros. O nível de cultivabilidade medido em amostras não tratadas em comparação com amostras tratadas termicamente implica que muitos esporos potencialmente viáveis podem escapar ao estado cultivável. O mecanismo de ativação pelo calor é desconhecido, mas o tratamento de pré-aquecimento das amostras envolve uma rápida mudança metabólica que pode representar o início da cascata de eventos que conduzem à quebra de dormência dos esporos.

2. Identificação de actinomicetos:

No total, foram obtidos 78 actinomicetos de amostras de água. Foram estudados quanto às suas características morfológicas. Os isolados de actinomicetos pertenciam a oito géneros diferentes, nomeadamente *Streptomyces, Nocardia, Micromonospora, Actinomadura, Intrasporangia, Microbispora, Streptosporangium e Streptoverticillum.* Dos 78 isolados, *Streptomyces* foi o género dominante, seguido de *Nocardia* . Dos 59 isolados de *Streptomyces, tentou-se identificar* cinco isolados de *Streptomyces* que apresentavam uma tolerância máxima aos metais até ao nível da espécie através de ribotipagem de ADN 16 S r .

Destes cinco isolados de *Streptomyces*, apenas quatro isolados foram identificados como ***Streptomyces* spp. LD021 (SR), *Streptomyces* spp.3194 (S3), *Streptomyces rameus* estirpe NBR (SR), *Streptomyces griseodotifer* (SG)** e apenas um **isolado de *Streptomyces* 80 (espécie não identificada - SND)** não pôde ser identificado até ao nível da espécie.

Um bloco de ágar com uma colónia esporulada foi fixado em glutaraldeído a 2% durante 48 horas e lavado com tampão fosfato. Seguiu-se a desidratação em graus de álcool, nomeadamente 25%, 50%, 75% e 100%, tendo sido submetido a secagem em ponto crítico e colocado numa fita de carbono de duas faces num substrato de vidro. Verificou-se que, quando seguimos o método acima descrito, os procedimentos de fixação e desidratação causam danos na estrutura morfológica reprodutiva, ou seja, na morfologia da cadeia de esporos. Para ultrapassar o problema acima referido, modificámos o método para SEM para estudar a morfologia da cadeia de esporos, o que deu bons resultados.

O procedimento para o método modificado de preparação da amostra para SEM é o seguinte.

1 Para a preparação do MEV, as amostras de actinomicetos foram cultivadas em placas de ágar frescas pela técnica de cultura em lamelas em condições óptimas de crescimento.

2 As lamelas com forte crescimento micelial e esporulação foram retiradas do meio de ágar.

3 As lamelas com crescimento actinomicetal esporulado foram mantidas à temperatura ambiente (temperatura média da sala era de 32° C) num ambiente sem pó durante 1 mês.

4 Após um mês, as culturas foram secas por exposição a vapores de álcool absoluto durante 30 minutos.

5 Finalmente, as culturas tratadas foram mantidas a 60° C na estufa durante 1 hora.

6 As culturas em lamelas secas foram colhidas em fita de carbono de duas faces num substrato de vidro.

7 A pulverização catódica de platina foi efectuada durante 30 minutos para obter uma espessura de 20 nm.

8 As amostras foram analisadas a 8 KV num microscópio eletrónico de varrimento, JEOL JSM 6360.

Desvantagens do método antigo :

1. O método é laborioso e de difícil execução.
2. Normalmente, a amostra queima-se devido à alta tensão durante o varrimento.
3. As imagens obtidas por este método não são claras.

Vantagens do método modificado

1. O método é simples de executar.
2. Não perturba a estrutura morfológica reprodutiva, ou seja, a morfologia da cadeia de esporos.
3. A amostra não queima a alta tensão devido à desidratação completa durante o processo.

3. Actividades enzimáticas de isolados de actinomicetos:

Actividades enzimáticas de cinco isolados seleccionados :

Foram estudadas as actividades enzimáticas de cinco isolados. Verificou-se que os cinco isolados **SR, SG, SL, S3 e SND** possuem atividade de amilase e protease. Os isolados **SL, S3 e SR** possuem atividade de gelatinase. O isolado **SL, SG** possui atividade de celulase. A atividade de lipase e

As actividades de lecitinase foram positivas para os isolados **SR** e **SND**. Os isolados **SL,S3,SR,SG** foram positivos para a atividade de catalase e os isolados S3 e SU apresentaram uma atividade positiva de urease.

Utilização de fontes de carbono : Os estudos foram realizados para a utilização de carbono por cinco isolados seleccionados para estudos posteriores em meio de ágar basal Shirling e Gottlieb contendo 1,0 w/v de substrato de carbono. Os substratos de carbono utilizados para o estudo são L-lactose, D-maltose, D-manitol, D-frutose e D-sacarose.

O isolado **SL pode** utilizar Lactose, Maltose e Sacarose, mas não pode utilizar Manitol e Frutose. O isolado **S3** pode utilizar Lactose, Manitol, Frutose e Sacarose, mas não pode utilizar Maltose. O isolado **SR pode utilizar** Lactose, Maltose, Manitol, Frutose e Sacarose. O isolado **SG pode utilizar** Lactose, Maltose, Manitol, Frutose e Sacarose. O isolado **SND pode utilizar** Lactose, Manitol, Sacarose e não pode utilizar Maltose e Frutose.

Tipo de parede celular e padrão de açúcar em toda a célula :

O tipo de parede celular e o padrão de açúcares de toda a célula de cinco isolados mostra que o isolado **SL,S3,SR,SG** possui parede celular do tipo I e o isolado **SND** possui parede celular do tipo III.**SL,S3,SN,SG** não apresenta açúcar caraterístico, enquanto o isolado **SND também** não apresenta açúcar caraterístico no seu hidrolisado de toda a célula.

Identificação por ADN 16S r

De acordo com a lista de correspondência para % de correspondência, alinhamento conciso, sequência genética e árvore filogenética, observou-se que o isolado n.º 74 apresenta uma correspondência de 97% com *Streptomyces* sp. LD021, o isolado n.º 11 apresenta uma correspondência de 97% com *Streptomyces* sp.3194, o isolado n.º 8 apresenta uma correspondência de 99% com *Streptomyces rameus* estirpe NBR, o isolado n.º A possui uma correspondência de 99% com *Streptomyces griseodotifier.*

Assim, os nomes identificados das espécies de cinco actinomicetos isolados foram

Isolado 74 *Streptomyces* spp LD021 (SL)

Isolado 11 *Streptomyces* spp 3194 (S3)

Isolado 8 *Streptomyces rameus* estirpe NBR (SR)

Isolado A *Streptomyces griseodotifer* (SG)

Isolado 80 *Streptomyces* spp não identificado (SND)

Conclusão

1. A ativação térmica das amostras a 6O° C durante 10 min aumenta a cultivabilidade dos esporos dominantes e da população actinomicetal. O tratamento térmico prévio é um método simples de seleção de actinomicetos.
2. *Streptomyces* foi o género mais dominante nas amostras de água, seguido de *Nocardia* e *Streptosporangium.*
3. As actividades como a protease, a amilase, a gelatinase, a lipase e a lecitinase são normalmente observadas no género *Streptomyces*. Fontes de carbono como L-Lactose, D-Maltose, D-Manitol, D-Frutose, D-Sucrose foram utilizadas por espécies de *Streptomyces*, nomeadamente, ***Streptomyces sp*** **LD021, Streptomyces *sp* 3194, *Streptomyces rameus* estirpe NBR, *Streptomyces griseodotifer*, *Streptomyces sp*(SND).**
4. Para estudos morfológicos de actinomicetos por SEM, foi desenvolvido e utilizado com sucesso um método simples modificado.
5. Através do ADN 16S r, foram identificados quatro *Streptomyces*, nomeadamente ***Streptomyces sp*** **LD021, Streptomyces *sp* 3194, *Streptomyces rameus* estirpe NBR e *Streptomyces griseodotifer* .**

REFERÊNCIAS

Admiral, W.; Blanck, H.; Buckert, M.; De Jong; guasch, H.; Ivorra, N.; Lehmann, V. B. e Sabater, S. (1999), Short term toxicity of Zinc to microbenthic algaeandbact. *Appl,Env.Microbiol.* **33**: 1989-1996.

Ahmad, A.; Mukherjee, P.; Senapati, S.; Mandal, D.; Khan, M.I.; Kumar, R.; e Sastry, M.(2003), Extracellular biosynthesis of silver nanoparticles using the fungus *Fusarium oxysporum. ColloidsSurfB*, **28**:313-318.

Ahmad, A.; Senapati, S.; Khan, M. I.; Kumar, R.; Ramani, R.; Srinivas, V. e Shastry, M. (2003), Intracellular synthesis of gold nanoparticles by novel alkalotolerant actinomycetes, Rhodococcus sp. Nanotechnology, **14**:824-829.

Ahmad, A.; Senapati, S.; Khan, M. I.; Kumar, R.; Ramani. R.; Srinivas, V.; e Sastry, M. (2002), Síntese extracelular mediada por enzimas de nanopartículas de CdS pelo fungo *Fusarium oxysporum. J. Am. Chem. Soc.*, **124**:12108-13.

Ahmad, A.; Senapati, S.; Khan, M.I.; Kumar, R.; e Sastry, M. (2003), Biossíntese extracelular de nanopartículas de ouro monodispersas por novos actinomicetos extremófilos, *Thermomonospora* sp. *Langmuir.* **19**: 3550-3555.

Aiking, H.; Kok, K.; Van Herrikhuizen, H. e Riet, J. V. (1982), Produção de nanopartículas micobiais. *Appl. Environ, Microbiol.* 44 :938-945.

Alberti, G.; e Massucci, M. A. (1970), Crystalline insoluble acid salts of tetravalent metals-IX Thorium arsenate, a new inorganic ion exchanger specific for lithium. *J. Inorg. Nucl. Chem.* **32** : 1719-1727.

Al-Diwany, L.J. and Cross, T. (1978), Ecological studies on Nocardioforms and other actinomycetes in aquatic habitat. Zentralbl. Bakteriol. Parasitenkd. Infektionskr. Hygiene, I. Abteilung. **6**: 153-160.

Algar, W. R. e Krull, V. J. (2006), Adsorção e hibridização de oligonucleótidos em pontos quânticos de CdSe/ZnS com ácido mercaptoacético e conjugados de quatamdot-aligonucleótidos, *Langmuir.***22**(26) : 11344611452.

Ali Shamsei; Jonczyk Magdalena; Sturgis; Jenie Robinson; J. Paul e Irudayaraj Joseph (2007), Intracellularly grown gold nanoparticles as potential surface enhanced Raman scattering probes. *J. of Biochemed. Optics* **12:**122-130.

Alivisatos, A. P. (2001), Less is more in medicine. *Sci. Am.* : 67-73.

Andio, K. (1983), How to discover new antibiotics for insecticidal use in Pesticide chemistry. *Human welfare and Envt.* **2** :253-259.

Anil Kumar, S. (2007), síntese de nanopartículas de prata a partir de $AgNO_3$ mediada pela redutase do nitrato. *Biotechnology lett.*, **29**(439):443-445.

Anon, (1990), Composto biologicamente ativo KSB-1939 L3 e sua produção, pesticida com atividade inseticida e acaricida, produzido por Streptomyces spp. *Cult. Biotechnol. Abst.* **9** (19), 58, Patente japonesa n.º 273961.

Armendariz, V.; Herrera, I.; Peralta-Videa, J. R.; Jose-Yacaman, M.; Troiani, H.; Santiago, P. e Gardea-Torresdey, J.L. (2004), Size controlled gold nanoparticle formation by *Avena sativa* biomass: use of plants in nanobiotechnology.*Journal of Nanoparticle Research* .**6**:377-383.

Arora, S.Y. e Dhala, S.A. (1979), Phospholipase C of *Streptomyces albus* R19. *Arogya*. **5**: 46-51.

Atalan Ekrem, (2001), Restriction fragment length polymorphism Analysis (RFLP) of some Streptomyces strain from soil. *TurkJ. Bio.***25**: 397-404.

Aumen, N.G. (1980), Sucessão microbiana num substrato quitinoso num riacho da floresta. *Microb. Ecol.* **6**: 317-327.

Ayyub, P.; Chandra, R.; Taneja, P.; Sharma, A.K. e Pinto, R. (2001), Synthesis of nanocrystalline material by sputtering and laser ablation at low temperature. *Appl. Phys.***73**:37-41.

B. E. Warren (1990), X-ray diffraction editora Dover Publication.

Baath, E. M.; Diaz - Ravina; Frostegard, A. e Campbell, C. D. (1998), Effect of metal on river, soil microbial community. *Appl.Env.Microbol* **64** : 238245.

Bacelar-Nicolau, P. andJohnson, D.B. (1980), *Ann. Rev. microbial.***65** : 585 - 590 Baibich, M. N.; Brotfo, J. M.; Fert, A. Nguyen Van Dau, F.; Petroff, F.; Eitenne, P.;

Creuzet, G.; Friederich, A. e Chazelas, J. (1988), Resistência magnética gigante de superlattices magnéticos (001) Fe/(001) Cr. *Phys Rev. Lett.* **61**: 2472-2475.

Banik, S. and Dey, B.K.(1982), Available phosphate content of an alluvial soil as influenced by inoculation of some isolated phosphate solubilizing microorganisms. *Plant Soil.* **69**: 353-364.

Beau Frederic; BoLLet Claude; Coton Thierry; Garnotel Eric e Drancourt Michel (1999), Molecular identification of *Nocardiopsis dassonvillei* blood isolate. *J. clinicMicrobiol* **13** : 3366 - 3368.

Becker, B.; Lechevalier, M. P. and Lechvalier, H. A.(1965),Chemical composition of cell wall preparations from strains of various genera of aerobic actinomycetes. *Appl. Microbiol.* **13**: 236-243.

Beermann Bernd; Ernesto Carrillo Nava; Andy Scheffer; Wolfgang Buscher; Anup, M.; Jawalekar frank seela e Hans Juirgen Hinz (2006), Association temperature governs structure and apparent thermodynamics of DNA- goldnanoparticles. *Biophychem.* **26**: 124-131.

Bell, A.A.; Wheeler. Mh.; Liu, J.; Stipanovic, R.D.; Puckhaber L.S. e Orta H. (2003), United States Department of Agriculture-Agricultural Research Service, Studies on polypeptide toxins of *Fusarium oxysporum* sp. vasinfectum: potential targets for disease control. *Pest Manag. Sci.* **59**:736-747.

Beveridge, T. J. e Boyle, R. J. (1989), Metal ions and bacteria.*J. Wielysons* New York: 132-136.

Beveridge, T.Y. e Murray, R.G.E. (1980), Sites of metal deposition in the cell wall of *Bacilliussubtilis. J. Bacteriol.* **141**:876-880.

Boath, E. M.; Diaz-Ravina; frostegard, A. e Campbell, C. D. (1998), Effect of metal resistance on soil microbial community. *Appl. Environ. Microbial.***4**: 238-245.

Boos, J. B.; Kruppa, W.; Bennett, B. R.; Park, D.; Kirchoefer, S. W.; Bass, R. e Dietrich, H. B. (1998), AISb⁄InAs HEMT's para aplicações de baixa tensão e alta velocidade. *IEEE Trans. Elect. Dev.* **4**: 1869-1875.

Booth; William, S. T. e Cross, T. (1971), Actinomycetes.*Methods in Microbiology.* ***4*** : 295 - 334.

Branham, M. R.; Douglas, A. D.; Mills, A. J.; Tracy, J. B.; white, P. S. e Murray, R.

W.(2006), Pontos quânticos de prata protegidos por aritiolato. *Langmuir.* ***26*** :

11376-11383.

Brierley, J.A. (1990), In: Biosorption of Heavy Metals (Ed. Volesky, B.) Boca Raton, USA:305

Buchalo A. S.; Zakorkonec, 0. e Sased, U. (1983), Scanning Electron microscopic study of clamp connection in Higher Basidiomycetes Folia. *Microbiol* **28**:420-423.

Burman, N.P. (1973), The occurrence and significance of actinomycetes in water supply. In: Actinomycetes: Characteristics and Practical Importance (Sykes, G. e F.A. Skinner, eds):219-230.

Burton, G. J.; Drotar, A.; Lazorchak, J. L. and babls, L.(1987),Relationship of microbial accumulation *Ceriodoplunia ceriodophna* response to minning impact on the Clark fork River Montana. *Toxicol.* **16**: 523 - 530.

Cao, G. (2004), Nanostructures and Nanomaterials: Synthesis, Properties and Applications, *Imperial College Press*, Londres.

Capasso, F. (2002), Quantum cascade lasers: Funcionamento a velocidades ultra-rápidas, comunicação ótica sem fios, largura de linha estreita e emissão no infravermelho distante. *IEEEJ. Quant. Elect.* **38**: 511-532.

Chakrabarti, S.; Matai, S. e Chandra, A.L. (1978), Produção de lipase exocelular por um Streptomyces do solo. *Curr. Sci.* **48**: 268-269.

Chaphalkar, S.R. and Dey, S. (1993), Studies of industrially important Streptomyces with special reference to extracellular protease. Tese de doutoramento, Universidade de Poona, Poona.

Chea, E.H. and Leclerc, H. (1975), Identification of aerobic actinomycetes isolated from fresh water. *Can.J. Microbiol.* **21**(12): 1895-1900.

Chen, J.C.; Lin, Z.H. and Ma, X.X. (2003), Evidence of the production of silver nanoparticles via pretreatment of phoma Sp.3.2883 with silver nitrate. *Lett. Appl. Microbiol.***37**:105.

Chitharani, B. D.; Ghazani, A. A. e Chan, W. C. (2006), Determinação da dependência do tamanho e da forma da absorção de nanopartículas de ouro pelas células de mamíferos *Nanolett.* **12**(4) : 662-668.

Christova Krassimira, Sholeva Zdravka e Chipeva Valentina (1995), Application of Biological methods in taxonomy of Genus Streptomyces. *J. cultcollec.* **1**(1) : 3-10.

Chun Jongsik e Goodfellow Michael (1995), A Phylogenetic analysis of the genus Nocardia a with 16S rRNA gene sequences. *Int. J. Syst. Bacterial.* **43**:240-245.

Clark, C. A.; Chen, C.; Ward Rainey, N. e Pettis, G. S.(1998), Diversity within *Streptomyces ipomoeae* based on inhibitory Interactions rep.-PCR, Plasmid Profiles. *J. Phytopathology* **88** (11): 1179-1186.

Cntantino, U. e Gasperoni, A. (1970), Crystalline insoluble acid salts of tetravalent metals-XI. Síntese e propriedades de permuta iónica do fosfato de estanho (IV) e do arseniato de estanho (IV).*J. Chromatogr.* **51**: 289-296.

Cole, R. J.e Cox, R. N. (1981), Handbook of fungal metabolites Acad: Press Lond.

Colmer, A.A, e McCoy E. (1943), *Micromonospora* in relation to some Wisconsin lakes and lake populations. *Trans. W/s. Acad. Sci. Arts Lett.* **35**: 187-200.

Cook, E. Andrew e Meyers, R. Paul (2003), Rapid identification of filamentous actinomycetes to the genus level using genus specific 16S r RNA gene restriction fragment patterns. *Int.J. Syst. Env. Microbiol.* **53** : 1907-1915.

Corberi, E. e Solaini, A. (1960), Osservazioni sulla microflora della acque del Lago Maggiore. *Ann. Microbiol.* **10**: 36-56.

Cortesi, R.; Esposito, E.; Luca, G. e Nastruzzi, C. (2002), Production of lipospheres as carriers for bioactive compounds. *Biomaterials.* **23**: 2283-2294.

Coykendall e Nunzermaier,A. J. (1979), Hibridação do ácido desoxirribonucleico entre as estirpes de actinomicetos. *Int.J. Syst. Bacteriol.* **29** : 234-240.

Crooke, P.C.; Carpenter, C.C. e Klens, P.F. (1950), The use of sodium propionate in isolating actinomycetes from soil. *Soil. Sci.* **112**:656-660.

Cross, T. (1981), Aquatic actinomycetes: a critical survey of the occurrence, growth and role of actinomycetes in aquatic habitats. *J. Appl. Bacteriol.* **50**(3):397-423.

Cross, T. e Goodfellow, M. (1973), Taxonomia e classificação dos actinomicetos. In: G. Sykes e F. A. Skinner (eds.) *Actinomycetes: Características e importância prática* :11-112.

Cross, T. e Johnston, D.W. (1971), *Thermoactinomyces vulgaris* II. Distribuição em habitat natural. Em Barker, Gould e Wolf (Editores), *Spore Research*: 315-330.

Cross, T., e Collins, V.G. (1966), *Micromonospora* in an inland lake.In *IX International CongressforMicrobiology,* Moscow:335-345.

Cui, D. e Gao, H. (2003), Advance and prospects of bionanomaterials. *Biotechnol.Prog* .**19**:6783.

Cullity, B. D. e Stock, S. R. (2001), Elements of X-ray Diffraction, 3ª edição, Prentice Hall, Upper Saddle River, Nova Iorque.

Cummins, C.S. and Harris, H. (1956), The chemical composition of the cell wall in some Gram-positive bacteria and its possible value as a taxonomic character./. *Gen. Microbiol.* **14**: 583-600.

Cummins, C.S. and Harris, H. (1958), Studies on the cell wall composition and taxonomy of actinomycetes and related groups. /. *Gen. Microbiol.* **18**: 173-189.

Cunningham, D. P. e Lundie, L. L. (1993), Precipitação de *Clostridium thermaceticum* .*Appl. Environ. Microbiol.* **59**: 7-11.

Czerwinska(1990), Seperation of *Mycobacterium gadium* from rapid growth on the basis of DNA homology and restriction endonuclease analysis. *Int. /. Syst. Bacteriol.***37**: 201-205.

D. E. Newbury (1986), Scanning electron microscopy and x-ray microanalysis, Google books result.

D. K. Bowen (1998), Principles of Protein X-ray crystallography, springer, Nova Iorque.

Dabbs, E. R.; Gowan, B. e Anderson, S. J. (1990), Nocardia formam resistência ao arsénico de *Rhodococcus* - vectores de clonagem de Rhodococcus./. *Pla.* **23** : 242 -247.

Dameron, C. T.; Reese, R. N.; Mehra, R. K.; Kortan, A. R.; Carroll, P. J.; Steigerwald, M. L.; Brus, L.E. e Winge, D. R. (1989), Biosynthesis of Cadmium Sulphide quantum semiconductor crystallites. *Nature.* **338**:596-600.

Darnall, D.W.; Greene, B.; Henzel, M. J.; Hosea, M.; McPherson, R.A.; Sneddon, J. e Alexander, M.D. (1986), Selective recovery of gold and other metal ions from an algal biomass, *Environ. Sci. Technol.* **20**:206-210.

Davelos, L. anita; Kinkel, L. Linda e Samac A. Deborah (2004), Spatial Variation in frequency and intensity of Antibiotic Interactions among Streptomycetes from prairie soil. *Appl. Envt. Microbiol.* **70**(2): 10511058.

Deshmukh, A.M. e. Godbole, S.H. (1998), Antagonistic activity of actinomycetes in relation to soil types. *Ind.J. Env. & Ecoplan.* **3**: 39-47.

Dopson, M . e Lindstrom, E. B. (1999), *App. Environ microbial.* **65** :36-40.

Dott, W. e Waschko-Dransmann, D. (1981), Ocorrência e importância dos Actinomicetos na água potável. *ZentralblBakteriolHyg* **173** : 217-232.

Ducheyne, P. e Qiu, Q. (1999), Bioactive ceramics: O efeito da reatividade da superfície na formação óssea e na função das células ósseas. *Biomaterials*, **20**:2287-2303.

Dulaney, E.L.; Larson, A.H. e Stapley, E.O. (1955), A note on the isolation of microorganisms from natural sources. *Mycologiya.***47**: 420-422.

Duron Nelson; Marcato priscyla, D.; Alves oswaldo L.; De souza, Gabriel I. H. e Elisa Esposito (2005), Mechanistic aspects of biosynthesis of silver nanoparticles by several *fusarium oxysporum* strain. *J. Nanobiotechnol.* **3**:8-11.

Edelstein, R. L.; Tamanaha, C. R.; Sheehan, P. E.; Miller, M. M.; Baselt, D. R.; Whitman, L. J. e Colton, R. J.(2000), The BARC biosensor applied to the detection of biological warfare agents. *Biosensors and Bioelectronics.* **14**: 805-813.

El Nakeeb, M.A. e Lechevalier, H.A. (1963), Selective isolation of aerobic actinomycetes. *Appl. Microbiol.***11**:75-81.

Ellaiah, P. e Reddy, A.P.C. (1987), Isolamento de actinomicetos de sedimentos marinhos de Visakhapatnam, costa leste da Índia. *Indian J Marine Sciences* .**16**: 134-135.

Ellaiah,P.; Kalyan,D.; Rao,V.S. e Rao,B.V. (1996), Isolamento e caraterização de actinomicetos bioactivos de sedimentos marinhos. *Hindustan Antibiot. Bull.***38** (1-4): 48-52.

Erikson, D. (1941), Studies on some lake-mud strains of *Micromonospora*. *J.*

Bacteriol. 41: 277-300.

Erikson, D. (1952), Relações de temperatura/crescimento de um actinomiceto termofílico, *Micromonospora vulgaris.J. Gen. Microbiol.* **6**: 286-290.

Forsyth, W.G.C. and Webley, D.M. (1948), The microbiology of composting:A study of the aerobic thermophilic bacterial flora developing in grass composts. *Proc. Soc. Appl. Bact.* **3**:34-39.

Fortin, D. and Beveridge, T.J.(2000), Mechanistic routes towards biomineral surface development. in Biomineralisation (Edited by: E Baeuerlein). Biology to Biotechnology and Medical Application, Wiley-VCH, Ver-lag, Alemanha :294.

Frank Reith; Stephen, I.; Rogers, P.C.; Mcphail e Daryl webb (2006), Biomineralisation of gold : Biofilms on Bacterioform gold. *Science.* **313** (5784):233 - 236.

Frankel, R. B. e Blakemore, R. P. (1991), Iron Biominerals, *Plenum Press,* Nova Iorque.

Frilis, N. e Myers-Keith, P. (1986), Biosorption of uranium and lead by *Streptomyces longwoodensis. Biotechnol. Bioengg.* **28**:21-27.

Gadgil, P.D. (1959), Flutuações nas populações microbianas do solo num solo de cana-de-açúcar influenciadas pela estação e pelo cultivo. Tese de Mestrado (Agri.). Universidade de Poona, Poona.

Galatenko, O.A. and Terekhova L.P.(1990), Isolation of antibiotic-producing actinomycetes from soil samples exposed to UV light. *J. Antibiot. Khimioter.***35**(11): 6-8.

Gardea-Torresdey; Parsons, J.G.; Gomez E.; Peralta-Videa, J.; Troiani, H.E.; Santiago, P. e Yacaman, M. J. (2002), Formation and growth of au nanoparticles inside live alfalfa plants, *Nanoletters.***2**:397-405.

Ghule, H.B. (1968), Estudos sobre algumas espécies de Streptomyces do solo. Tese de Mestrado (Agri.). Universidade de Poona, Poona.

Gidvanni J. Lopez-Ferrer (2004), Tese apresentada como requisito parcial para a obtenção do grau de Mestre em Ciências.

Gomes, N.C.M.; Camargos, E. R. S.; Dias, J. C. T.; e Linardi, V.R. (1998), Acumulação de ouro e prata por *Aspergillus niger* a partir de solução contendo cianeto obtida na indústria de mineração de ouro. *World J. Microbiol. Biotechnol.* **14**: 149 -156.

Goodfellow, M. (1989), Maduromycetes. In: S.T.Williams, M.E. Sharpe e J.G. Holt (eds.)

Bergey's Manual of Systematic Bacteriology. The Williams and Wilkins Co., Baltimore.**4** :2509-2551.

Goodfellow, M. (1989), Suprageneric classification of actinomycetes. In: S.T. Williams, Sharpe & J.G. Holt (eds.) Bergey's Manual of Systematic Bacteriology. The Williams and Wilkins Co., Baltimore.**4** :2333-2339.

Goodfellow, M. e Cross, T. (1974), Actinomycetes. In: Biology of Plant Litter Decomposition (Dickinson e Pugh, Eds) :269-302.

Goodfellow, M. e Williams, S.T. (1983), Ecology of actinomycetes. *Annu. Rev. Microbiol.* **37**:189-216.

Goodfellow, M.; Haynes e Cross T. (1984), Classificação. In: M. Goodfellow, M. Mordarski e S.T. Williams (eds.) The Biology of the Actinomycetes. **7**:164.

Goodfellow, M.; Stanton, L.J.; Simpson, K.E e Minnikin, D.E. (1990), Numerical and chemical classification of Actinoplanes and some related actinomycetes. *J.gen. Microbiol.***136**: 19-36.

Gordon, R. E. e Mihm, J. M. (2001), A espécie tipo do género Nocadia. *J. Gen Microbiol.***2**: 1-10.

Gottlieb, D. (1973), Considerações gerais e implicações dos actinomicetos. In: Actinomycetes: Characteristics and Practical Importance (Sykes, G. e F.A. Skinner, eds):1-10.

Gottlieb, D. e Shirling, E.B. (1976), Cooperative descriptions of type cultures of Streptomycetes: The international Streptomyces project. *International Journal of Systematic Bacteriology.* **17**: 315-322.

Grandbois, M.; Dettmann, W.; Beneit, M.; Gaub, H.E. (1999), How strong is a covalentbond? *Science.* **283**:1727-1730.

Gregory, P. H. and. Lacey, M. E. (1963), Mycological examination of dust from mouldy hay associated with farmers lung disease.*J. Gen. Microbiol.* **30**: 75-88.

Groth Ingrid; Barbara Suhuiitze; Theresa Botteher; Christan, B.; pullen; Carlos Rodriguez; Eckkard Leistner e Goodfellow, M. (2003), Kitasatospora putterlickiae sp. Nov isolada do solo da rizosfera, transferência de

Streptomyces kifunesis do género K. kifunenis comb. Nov. *Int.J. Syst. Envt. Microbiol.* **53**: 2003-2040.

Guneet Kaur; Gupta, S.; Prakash, R.; e Prakash, N. T. (2004), Transformation and generation of Silver chloride crystals by *Aspergillus terricola,* In: *Proc. Tendências em Nanotecnologia*: 156-178.

Gunner, H.B. e Alexander, M. (1964): Crescimento anaeróbico de *Fusarium oxysporum. J Bacteriol.* **87**:1309-1316.

Gupta, A.S. e Silver, S.(1998), Effect of Halids on plasmid- mediated silver resistance in *Escerichia coli. Nat. Biotechnol.* 64(12):5042-5045.

H. Lokeshwari and Chandrappa, G. T. (2006), Impact of heavy metal contamination of Bellandur Lake, on soil and cultivated vegetation. *Cur. sci.***91** (5):231-240.

Hain, T.; Ward, N., Rainey, R.; Kroppensdedt, M.; Stackebrandt, E. e Rainy, F. A.(1997), Descrimination of *Streptomyces albidoflavus* strain Based on the size of number of 16S-23S Ribosomal DNA intergenic spacers. *Int.J. Syst. Bact.* **47**: 202-206.

Hasegawa, T.; Takizawa, M.; e Tanida, S. (1983), A rapid analysis for chemical grouping of aerobic actinomycetes. *Journal of General and Applied Microbiology.* **29**: 319-322.

Hatano, K.; Tadshi, N. and Hiroaki Kasai (2003), Taxonomic re-evaluation of whorl-forming Streptomyces species by using phenotype S DNA-DNA hybridization and sequences of gyrb and proposal of *Streptomyces luteireticuli. Int.J. SystEnvol.* Microbiol. **53** : 1519-1529.

Hernandez, M.E. e Newman, D.K.(2001), Extracellular electron transfer. *Cell Mol. LifeSci.* **56**:1562-1571.

Hickary, R. I.; Corum, C.); Hidy, P. H.; Cohen, I. R, B.; Nagar, U. F. e Kropp, E. (1952), Ascosin : An antifungal antibiotic produced by Streptomycete. *Antibiot, Chemother.* **2**: 472-480.

Higham, D. P.; Sadler, P. J. e Seawen, M. D. (1985), Cadmium resistance in *Pseudomonas putida*, growth and uptake of Cadmium. *J. Gen. Microbiol.* **131**:2539-2544.

Hiorns, W.D.; Methe, B.A.; Nierzwicki-Bauer, S.A. e Zehr, J.P. (1997), Bacterial diversity in Adirondack mountain lakes as revealed by 16S rRNA gene sequences. *Appl. Environ. Mcrobiol.***63**(7): 2957-2960.

Hirsch, C.F. and Christensen, D.L. (1983), Novel method for selective isolation of actinomycetes./. *Appl. Environ. Microbiol.* **46**(4): 925-926.

Hoare, D.S. e Work, E. (1957), Os estereoisómeros do ácido α-6 diaminopimélico. A sua distribuição na ordem bacteriana Actinomycetales e em certas Eubacterials. *Biochem.J.* **65**: 441-447.

Homuth, M.; Valentin-Weiganz, P.; Rohde, M. and Gerlach, G.F.(1998), Identification and Characterization of a novel extracellular ferric reductase from *Mycobacterium paratuberculosis. Infect Immum* **66**:710716.

Hosea, M. B.; Greene, R.; Mcpheron, M.; Heizal, M. D.; Alxander, D. W. e Darnali (1986), Gold nanoparticles in algal cells. *Inorg ChemActa.* : 123161.

Hoskisson P. A.; Hobbs G. e Sharples G. P.(2000), Letters in Applied microbiology **30**: 114-117.

Hu, M.; Chen, J.; Li, Z. Y.; Au, L.; Hortland, G. V.; Lix Marquex, Z. e Xia, Y.(2006), Gold nanostructures engineering their plasmonic properties for biomedical applications. *Chem. Soc. Rev.* **35** (11): 1084-1094.

Hu, M.Z.C.; Norman, J.M.; Faison, B.D. e Reeves, M. E. (1996), Biosorção de urânio por *Pseudomonas aeruginosa* estirpe CSU: Caracterização e estudos comparativos. *Biotechnol. Bioeng.***51:** 237-247 .

Huang, C. P.; Juang, C.P.; Morehart, K. e Allen, L. (1990), The removal of copper(II) from dilute aqueous solutions by *Saccharromyces cerevisiae.* WaterRes.**14**:433-139.

Huang, Jiangiang; Jian-ChinLih; Pan Hung Kunang; Cohen N. Stanley(2001), Global analysis of growth phase responsive gene regulation of antibiotic biosysnthetic pathway in Streptomyces Collicolor using DNA Microarry. *Genes e desenvolvimento.* **15** (23) : 3183-3192 .

Huddleston, A. S.; Cresswell Neves Beringer; Thomas, J. E. e Willington, D.J. (1997), Deteção molecular de Streptomyces produtores de estreptomicina no solo brasileiro. *Appl.Env.Microbiol.* **63**(4): 1228-1297.

Ivanitskaia, L.P.; Singal, E.M.; Bibikova, M.V. And Vostrov, S.N. (1978), Directed isolation of Micromonospora generic cultures on a selective medium with gentamycin. *Antibiotiki.* **23**(8): 690-702.

Jens Als Nielsen e Des McMarrow (2001), Elements of modern X-ray physics.

Jensen, K. L.; Abrams, R. H. e Parker, R. K.(1998), Field emitter array development for high frequency applications. *J. Vac. Sci. Technol.* **16**: 749-753.

Jensen, P.R.; Dwight, R. e Fenical, W. (1991). Distribuição de actinomicetos em sedimentos marinhos tropicais próximos da costa *Appl. Environ. Microbiol.* **57**(4): 1102-1108.

Jiang e Xu, .L.(1996), Diversidade de actinomicetos aquáticos em lagos de placas médias. *Appl. Env. Microbiol.* **62**(2): 249-253.

Jiang, C.L. e L.H. Xu. (1989), Estudos sobre a flora e os recursos de actinomicetos nos lagos do planalto de Yunnan. *Wei Sheng Wu Xue Bao.* **29**(1): 7-14.

Jiang, L.; Li, M.; Li, W.; cui, X.; Xu, L. e Jiang, C. (2001), Estudo sobre a aplicação da análise quantitativa de aminoácidos da parede celular na classificação de actinomicetos. Wei Sheng Wu Xue Bao.**41**(3): 270-277.

Joel, W.; Richards; Glenn, D.; Krumholz; Mathews; Chval e Lowis (2002), Heavy Metal Resistnace Patterns of frankia strain. *Appl.Env.Microbiol.*.**62**(2) : 923-927.

Joerger, R.; Klaus, T. and Granqvist, C.G.(2000), Biologically produced silver carbon composite materials for optically functional thin-film coatings. *AdvMater* **12**:407-409.

Johnston, D.W. (1972), Actinomycetes in aquatic habitats. Tese de doutoramento. Universidade de Bradford, Bradford, Reino Unido.

Johnston, D.W.; e. Cross T. (1976), The occurrence and distribution of actinomycetes in lakes of the English Lake District. *FreshwaterBiol.* **6**: 464-469.

Jones, K. L.(1988), Fresh isolates of actinomycetes in which the presence of sporangenous aerial mycelia is fluctuating. *Che. e Bacteriol.* ***57*** : 141145.

Jorgensen C. K.(1962), Absorption Spectra and Chemical Bonding in Complexes. Pergamon, Nova Iorque.

Jorsensen (1972), The enhanced X-ray sensitivity of virus infected mice. *Ata. PatholMicrobiolScand* (B) *Microbiol. Immunol.* **80** (6): 845-852.

Jougstetter, J.E. (1961), A comparison of cell wall of three genera of actinomycetes. Tese de Mestrado. Universidade da Geórgia, Atenas.

Kamilo, M.; Suzuki, T. and Kawai, K.(1991), Accumulation of rare earth metals by microorgaisms.*JBio Indus*,**16**:36.

Kane, W. D. (1996), Um novo gene de *Actinoplaceae pilimedia* com descrição de duas espécies *Pilimedia terevasa* e *P. anulata*. *J. Elisha Mitchell Sci. Soc.* **82**: 220-230.

Keyes, R. W. (2001), The cloudy crystal ball: Dispositivos electrónicos para a lógica. *Philos. Mag.* **81**: 1315-1330.

Kim Tee Kyung; Garson, J.; Marry furest e A. John (2005), Marine actinomycetes related to the Salinospora gr. from great barrier Reef sponge *Pseudoceratina clavata. Soc. Appl. Microbiol.* **7**(4): 509-518.

Klaus, T.; Joerger, R.; Olsson, E. e Granqvist, C. G. (1999), Silver-based crystalline nanoparticles, Microbially fabricated. *Proc.Natl.Acad Sci.* **96**:13611-13619.

Klaus-Joerger, T.; Joerger, R.; Oisson, E.e Granqvist, C.G.(2001), Bacteria as workers in the living factory: metal-accumulating bacteria and their potential for materials science. *TrendsBiotechnol* **19**:15-20.

Klittich C.J.R. and Leslie, J.F. (1988), Nitrate reducing mutants of *Fusarium moniliforme* (gibberella-fujikuroi). *Genetics.*118:417-4**23.**

Kowshik, M.; Ashtaputre, S.; Kharrazi, S.; Vogel, W.; Urban, J.; Kulkarni, S.K.e Paknikar, K.M.(2003), Extracellular synthesis of silver nanoparticles by a silver-tolerantyeast strain MKY3. *Nanotecnologia* **14**: 95-100.

Kowshik, N.; Astaputre, S.; Kharrazi, S.; Vogelw; Kulkarni, S. K.e Paknikar, K. M.(2002), Microbial synthesis, characterization and their use in the fabrication of ideal diode *Biotechnol Bioeng.* **87**: 583.

Krassilnikov, N.A. (1938), Ray fungi and related organisms- Actinomycetales. *Izest. Akad. Nauk.S.S.S.R* **1**:328-332.

Kroppenstedt, R.M. e Kutzner, H.J. (1976), Biochemical markers in the taxonomy ofthe Actinomycetales. *Experientia.* **15**(3):318-329.

Kulkarni, S.W. e Deshmukh, A.M. (1999), Studies on soil actinomycetes of Solapur district. Tese de doutoramento. Universidade de Shivaji, Kolhapur.

Kumar, A.; Abbott, N. L.; Kim, E.; Biebuck, H. A. e Whitesides, G. M.(1995), Patterned self-assembly monolayers and meso-scale phenomena. *Acc. Chem. Res* **28**: 219-226.

Kumar, C.V. e McLendon, G.L. (1997), Nanoencapsulamento do citocromo C e da peroxidase de rábano nas galerias de fosfato de alfa-zircónio. *Chem Mater.* **9**:863-870.

Kuster, E. e Grein A. (1955), Isolamento, identificação, cultivo e preservação. In: *TheActinomycetes* **I**. Chap. 2:18.

Kuster, E.;e. Williams S.T. (1964), Selection of media for isolation of Streptomycetes. *Nature.* **202**: 928-929.

Labeda, D. P. and Lyons, A. J. (1991), The *Streptomyces Violaceusniger* cluster Is Heterogenous in DNA Relatedness among Strains: Emenda das descrições de *S. Violaceusniger* e *S. hygrocopicus, Int. 1, Syst. Bacteriol*: 398-401.

Lacey, J.(1989), Actinomycetes in soil compost and forders. In: Skys e Skinner (Edi) Actinomycetales. Características e importância prática. *Soc. Appl. Bacteriol.* :231-251.

Lawes, G. (1987), Scanning Electron Microscopy and X-ray Microanalysis, John Wiley and Sons Ltd., Chichester.

Lawson, P.A.; Collins, M.D.; Schumann, P.; Tindall, B.J.; Hirsch, P.e Labrenz, M. (2000), New LL-diaminopimelic acid-containing actinomycetes from hyper saline, heliothermal and meromictic Antarctic Ekho Lake: *Nocardioides aquaticus* sp. Nov. e *Friedmannielly lacustris* sp. nov. *Syst App Microbiol.* **23**: 219-229.

Lechevalier, H.A.; Lechevalier, M.P. and Gerber, N.N.(1971), Chemical composition as a criterion in the classification of actinomycetes. *Adv. Appl. Microbiol.***14**: 47-72.

Lechevalier, M.P. (1968), Identification of aerobic actinomycetes of clinical importance. *J.Lab. Clin. Med.* **71**:934-944.

Lechevalier, M.P. e Lechevalier H.A. (1970), Composição química como critério na classificação de actinomicetos aeróbicos. *Int. J. Syst. Bacterial.* **20**:435-443.

Lechevalier, M.P.e Lechevalier H.A.(1980), The chemotaxonomy of actinomycetes. In: Actinomycete taxonomy (A. Dietz e W.D. Thayer ed) :227-291.

Lee, Yoontee; Kim Minju; Han Jinju; Hyunkyu; Yeam; Lee; Sanghyuk e Back Hee Sung Kim Narry, V.(2004), Micro RNA genes and transcribed RNA pol.II. *O EMBO.* **23** : 4051-4060.

Leff, D. V.; Brandt, L. e Heath, J.R. (1996), Síntese e Caracterização de nanocristais de ouro hidrofóbicos, organicamente solúveis, funcionalizados com aminas primárias. *Langmuir.* **12**:4723-4730.

Levy, R. (2006), Peptide capped gold nanoparticles towards artificial proteins, *chem. Biochem* : 245 -2 51.

Streptomyces beijiangensis sp. Nov., um actinomiceto psicrotolerante isolado do solo na China. *Int.J. Syst. Evol. Microbiol.***53**(5): 1695-1699.

Li, X-Z; Nikaido, H. e Williams, K.E. (1997), *J. Bacterial.* **179**: 6127 - 6132.

Lin, D. e X. Li. (1998), Estudos sobre a população de actinomicetos do lago salgado de Yuncheng em Shanxi. *WeiSheng WuXue Bao.* **38**(2):137-41.

Lindenbein, W. (1952), Uber enige chemisch interssante Aktinomyceten - stammeund ihre klassifizierung. *Arch. Mikrobiol.* **17**: 361-383.

Lingappa, B.T. e Lockwood, J. L. (1962), A chitin medium for isolation, growth and maintenance of actinomycetes. *Phytopath.* **52**:317-323.

Liu Huamei; Sheng Quin; Yongxia wang; wenjun Li e Jie Zhang (2007), Ação inseticida da Quinomicina A de streptomyces spp KN 0647, isolada de solo florestal. *WordJ. MicrobiolBiotech.***24** (10) : 2243-2248.

Lloyd, J.R.(2003), Microbial reduction of metals and radionuclides (Redução microbiana de metais e radionuclídeos). *FEMS Microbiol* .**27**:411-425.

Lovely, D. R. and Philips, E. J. P. (1995), Reduction of uranium by *Desulfovibrio desulfuricans.J. Appl. Env. Microbiol.* **58** : 850-856.

Lovely, D. R.; Philips, E. J. P.; Gorby, Y. A. e Landa, E. R. (1998), Microbial reduction of uranium. *Appl.Env.Microbiol.* **350** : 413 - 416.

Lowe, C.R. (2000), Nanobiotechnology: O fabrico e a aplicação de nanoestruturas químicas e biológicas. *Carr. Op. Struc. Biol.***10**:428-436.

Lowe, T.(2002), The revolution in nanometals. *Adv. Mat. Processes* :63-65.

Lu Zhitang; Wangliming; Yami Zhang; Yanlin; Shi Zhiheng; Lia Erika T. Quintana e Michael Goodfellow(2003), *Actinomadara catellatispora* sp nov e *A. glaciflava* sp. Nov. de vala de esgoto e solo no sul da china. *Int. J. SystEnvtMicrobiol* **53** : 137-142.

Lundgren, D.G. e Silver, M. (1980), Ore leaching by Bacteria. *Ann Rev. microbial* **34**:263-283.

Macaskie, L. E. e Dean, A. C. R. (1984), Cadmium accumulation by a Citrobacter spp. *J.gen microbial.* **130** : 53-62.

Makkar, N.S. and Cross, T. (1982), Actinoplanetes on soil and on plant litter from freshwater habitats. *Journal ofApplied Bacteriology.* **52**: 209-218.

Malone C. R.(1989), The Yucca mountain Project Storage Problems of High Level radioactive waste *Environ. Sci. Technol.* **23**: 1452 -1460.

Mann, S.(2001), Biomineralisation : Principles and Concepts in Bioinorganic Materials chemistry, Oxford, University Press Oxford, U. K.

Mao, Y.; Yavoghu, M. e Sherman, D. (2004), Caracterização molecular e análise do grupo de genes biossintéticos para o antibiótico antitumoral mitomicina de NRRL 2564, *Chem-Biol.* **6** (4): 251-263.

Mara, D.D. and Oragui, J.I. (1981), Occurrence of *Rhodococcus coprophilus* and associated actinomycetes in feces, sewage, and freshwater. *J. Appl. Environ. Microbiol.* Vol. **42**(6): 1037-1042.

Markowitz, M. A.; Chow, G. M. e Singh, A. (1994), síntese de nanopartículas metálicas mediada por fosfolípidos polimerizados. *Langmuir.***10**: 4095-4102.

Mayfield, C. I.; Williams, S. T.; Ruddick, S. M. e Hatfield, H. L. (1972), Studies on the ecology of actinomycetes in Soil. *Biol Biochem.* ***4*** : 79-91.

Meziani M.J.; pathak, P.; Hauruff, B.A.;Haurezeanu,R. and Sun,Y.P.(2005), Direct conjugation of semiconductor nanoparticles with proteins. *Langmuir.* **21**(5) :2008-2011.

Mincer, J.; Tracy; Paul R. Jensen; Christopher, A. e Kauffman William fenicial (2002), Widespread and Persistent Population of Major New marine actiomycete in ocean sediment. *Appl.Env.Microbiol.* **68**(1): 5005-5011.

Mintmire, J. W.; Dunlap, B. I. e White, C. T.(1992), Are fullerene tubules metallic? *Phys. Rev. Lett.* **68**: 631-634.

Mishra, S. K.; Keller, J. E.; Miller, J. R.; Heisey, R. M.; Nair, M. G. e Putnam, A. R. (1987), Insecticidal and nematicidal properties of microbial metabolites./. *Ind. Microbiol.* **2** : 267-276.

Mohmoud, M.; Berekaa; Alexandros Lions; Berekaa, M.e RudolF Reichelt(2000), Biodegradação de borrachas Cis-1-4 poliisopreme por Actinomicetos distintos: Estratégias microbianas e análise detalhada da superfície. *App. Env. Micro.*: 1639 - 1645.

Mukherjee, P.; Ahmad, A.; Senapati, S.; Khan, M. I.; Kumar, R.; Ramani R.; Srinivas, V.; Sastri, M.; Ajaykumar P.V.; Alam, M. e Parischa, R. (2002) Síntese extracelular de nanopartículas de ouro pelo fungo *Fusarium oxysporum. Chembiochem.* **5**:461-464.

Mukherjee, P.; Ahmad, A.; Mandal, D.; Senapati, S.; Sainkar, S.R.; Khan, M.I.; Parischa, R.; Ajaykumar, P.V.; Alam, M.; Sastry, M.e Kumar R. (2001),Fungus mediated synthesis of silver nanoparticles and their immobilization in the mycelial matrix : Uma nova abordagem biológica para a síntese de nanopartículas. *Nano Lett.***1**:515-519.

Mukherjee, P.; Ahmad, A.; Mandal, D.; Senapati, S.; Sainkar, S.R.; Khan, M.I.; Ramani, R.; Parischa, R.; Ajaykumar, P.V.; Alam, M.; Sastry, M.e Kumar, R.(2001), Bioredução de iões AuCl4 pelo fungo *Verticillium* sp. e aprisionamento superficial das nanopartículas de ouro formadas. *Angew Chem Int Ed.* **40**:3585-3588.

Murray, C.B.; Kangan, C.R. and Bawendi M.G. (2002), Synthesis and characterization of monodisperse nanocrystals and close-packed nanocrystal assemblies, *Ann. Rev. Material. Sci.* **30**:545

Naga, R.R.; Stringer, S.J.; Agarwal, G.; Jones, S.E. e Stone, M. (2002), Biomimetic synthesis and patterning of silver nanoparticles. *NatMater* **1**:169-172.

Nair, B. e Pradeep, T. (2002), Coalescence of nanoclusters and the formation of submicron crystallites assisted by *Lactobacillus* strains. *Cryst. Growth* **2**:293-301.

Nair,B. and Pradeep, T. (2002), Coalescence of nanoclusters and the formation of sub micron crystallites assisted by *Lactibacillus* strains. *Crys. Growth.* **2**: 293.

Nakajma, A. e Sakaguchi, T. (1986), Acumulação selectiva de metais pesados por microrganismos. *Appl. MicrobialBiotech.* **24**: 59-64.

Nation, J. A.; Schacter, L.; Mako, F. M.; Len, L. K.; Peter, W.; Tang, C.M. e Srinivasan-Rao, T. (1999), Advances in cold cathode physics and technology. *Proc. IEEE.* **87**: 865-889.

Nelson Duran; Marcato; Priscyla, D.; Alves; Oswaldol; De Souza Grabriel I. H. e Elisa Esposito (2005), Mechanistic aspects of biosynthesis of Silver nanoparticles by several *Fusarium oxysporum* strain./. *nanobiotech.* : 38.

Nevin, K.P.e Lovley, D.R. (2002), Mechanisms for accessing insoluble Fe (III) oxide during dissimilatory Fe(III) reduction by Geothrix fermentans. *ApplEnvMicrobiol* **68**:224-229.

Newbury, D. E.; Joy, D. C.; Echlin, P.; Fiori, C. E.e Goldstein, J. I.(1986), Advanced Scanning Electron Microscopy and X-ray Microanalysis, *Plenum Press*, New York.

Newman, D.K.e Kolter, R.(2000), A role for excreted quinones in extracellular electron transfer. *Nature.***405**:94-97.

Niemeyer, C. M. (2001), Nanoparticles, proteins, and nucleic acids: Biotechnology meets materials science. *Angew. Chem. Int. Ed. Engl.* **40**: 4128-4141.

Nimi Hotta; Inada Yasuhiro Kuwabara Hiroshi Funahashi shigenobu,(2000), Spectrophotometric analysis of 5-co-ordinate Co (II) species for Ligand substitution ofHexkis. *Int./. Bact.*: 532 - 540.

Nisbet, L.J.(1982), Stain degradation in antibiotic producing actinomycete In kirshop the stability of Industrial organisms. *Common wealth mycological Inst. Eng*: 39-52.

Niu, H.; Xu, X. S. and Wang, J. H.(1993), Removal of lead from aqueous solutions by penicillin biomass. *Biotechnol. and Bioeng.***42**: 785 - 787.

Nolan, R.D. e. Cross T. (1988), Isolation and Screening of Actinomycetes. In:

Actinomycetes in Biotechnology (Goodfellow, M., S.T. Williams. e M. Mordarski eds): 1-32.

Norberg, A. e Perrson, H. (2003), Accumulation of heavy metals by microorganisms. *Biotechnol. Bioeng.* **26**: 239-246.

Normura, H. e Ohara, Y.(1960), Distribution of actinomycetes in soil IV. O isolamento e a classificação do género *Microbiospora. J. ferment* Technol.**38**: 401 - 405.

Novella, I. S.; Marin, I. e Sanchez, J. (1996), Restriction analysis of actinomyces chromosomal DNA *Cad. J. Microbiol.* (Rev. can Microbiol.) **42** (2): 201206.

Okami, Y. e Okazaki, T. (1978), Actinomycetes in marine environments. *zentralbl Bakteriol parasitenkd InFektionskrj Hyg.* Abt. **I** suppl. **6**: 145152.

Okami, (1988), Classificação dos fungos antagónicos de raios do Japão da família Streptomycetaceae. Tese de doutoramento Hokaido Univ.

Okawa, Y. e Yamaguchi, T. (1975), Studies on phospholipases from Streptomyces III Purification and properties of Streptomyces hahjioensis phospholipase C. *Journal of Biochemicstry.* **78**: 537-545.

Oremland, R.S.; Herbel, M.J.; Blum, J.S.; Langley, S.; Ajayan, P.; Sutto T.; Ellis, A.V. e Curran, S. (2004), Structural and spectral features of selenium nanospheres produced by sea respiring bacteria. *App. Environ. Microbiol* **.70**:52-60.

Ottow, J.C.G. e Von Klopotek, A.(1969), Enzymatic reduction of iron oxide by fungi. *Appl Microbiol.* **18**:41-43.

P. K. Widmann; Lovely D. R.; Woodward, J. C. e Philips, E. J. P. (1993), Reduction of uranium by cytochrome C3 by *Desulfatovibrio vulgarium. J. AppEnvt. Microbiol.* **59**: 3572-3576.

Palleroni, N.J. (1980), A chemotactic method for the isolation of Actinoplanaceae. *Arch. Microbiol.* **128**:53-55.

Pampiglione, S.; Majori, G.; Petrangeli, G. e Romi, R. (1985), Avermetics, MK- 933 e MK-936 para o controlo de mosquitos. *Frans. Res. Soc. Trop.medHyg.* ***79*** : 797-799.

Park, S. J.; Taton, T. A. e Mirkin, C. A. (2002), Array-based electrical detection of DNAwith nanoparticle probes. *Science.* **295**: 1503-1506.

Parkinson J.e Gordon R.(1999), Beyond Micromachining: The potential of diatoms. *TrendsBiotechnol.* **17**: 190-199.

Petch, N. J.(1953), The cleavage strength of polycrystals./. *Iron Steellnst.* London **173**:25-28.

Petrolini, B.; Quaroni, S. e. Saracchi, M. (1986), Investigações de microscopia eletrónica de varrimento sobre as relações entre bactérias e tecidos vegetais. I. Técnicas comparativas para a preparação de amostras. *Riv. Pat. Veg, Sec.* IV. **22**: 7-15.

Petrolini, B.; Quaroni, S.; Saracchi, M.e Sardi, P. (1993), A new genus of the Maduromycetes: Planopolyspora gen. nov. *Actinomycetes.***4**: 8-16.

Petrolini, B.; Quaroni, S.; Sardi, P.; Saracchi, M..e Andriollo, N. (1992). Um actinomiceto esporangiado com características morfológicas incomuns: *Streptosporangiam claviforme sp.nov. Actinomycetes.***3**: 45-50.

Plotter, L.E. e G. E. Baker. (1956), The microbiology of Flathead and Rogers Lakes. I. Levantamento preliminar de populações microbianas. Ecology. **37**:351355.

Pridham, T. G.; Anderson, C.; foley, L. A.; Linden falser, C. W.; Hesseltine e Benedict R. G. (1957), Selection media for maintainance and taxonomic studyofStreptomycetes. *AntibiotAnnu* : 947-953.

R. B. Frankel e Blackmore, R. P. (1991), (Eds) *Iron Biominerals Plenum,* Press New York.

R. J. Joerger; Klaus, R. T. and Granquist, C. G. (2000), Biologically produced silver carbon composite materials for optically functional thin film coatings. *Adv. Mater.* **12**(6): 407-409.

R. K. Mehara; Muchandani, P. and Hunter, T. C.(1994), Role of Cds quantium crystallites in cadmium resistnace in *Cadida gabrato. Biochem Biophy- Res. Comm.* **16**(3) : 1193-1200.

R. K. Mehra; Mulchandani, P.and Hunter, T. C.(1994), Role of Cds quantum crystallites in Cadmium resistance in *Candida glabrato. Biochem. Biophy. Res. Comm.* ***16*** : 1193-1200.

Rao, C.N.R.; Kulkarni, G.U.; John Thomas, P.; Agrawal, V.V.; Gautam, U.K. e Ghosh M. (2003), Nanocrystals of metals, semiconductors and oxides: novel synthesis and applications. *Curr. Sci.***85**:1041-1046.

Reese, R. N. e Winge, D. R. (1988), estabilização do sulfureto de cádmio complexo de peptídeos gama glutamil de *Schizosaccharomyces pombe. J. Biol. Chem.* **263**(26): 12832-12835..

Reese, R.; Neil; White; Cindy, A.; Winge e Dennis R.(1992), Cadmium sulphide crystallites in (dCrEC) NG peptide complexes from Tomato *Plant physiol.***98**(1) : 225-229.

Rheim Holger; Peter Schumann; Manfred Roide e Erko Stuckebrandt(1998), *Verrucosispora githorensis* gen nov. Sp. Nov. um novo membro da família antibacteriana Micromonosporaceae. *Int. J. Syst. Envoi Microbiol*: 1119-1127.

Roberts, D. W. (1967), Some effects of metarrhizium anisopliae and its toxins on mosquito larval. *In Insectpathol microbial control.* :243-246.

Roh, Y.; Lauf, R.); MacMillian, A. D. e Zhang, C. (1987), Síntese microbiana e caraterização de magnetizações substituídas por metais. *Sol. State comm* **108** (10) : 529-534.

Rose, A. H. (1979), Secondary products of metabolism. *Eco. Microbiol.* **3**:343-350.

Rouvray, D. (2000), Molecular self-assembly. *Chem. Br.*: 26-29.

Rowbotham, T.J., e T.Cross. (1977), *Rhodococcus coprophilus* sp. Nov., um actinomiceto Nocardioforme aeróbio pertencente ao complexo "Rhodochrous". *J. Gen. Microbiol.100*: 123-128.

Rowbotham, T.J.; e Cross, T. (1977), Ecology of *Rhodococcus coprophilus* and associated actinomycetes in freshwater and agricultural habitats. *J. Gen. Microbiol.100*: 231-240.

Shankar, S.S. ; Ahmad, A.;Pasricha,R. and Sastry,M.(2003),Bioredução de cloraurato por folhas de *Geraneum* e seu fungo endofítico produz nanopartículas de ouro de diferentes formas.*JMter.* **Chem13**:1822-1826.

Shankar, S.S.; Rai. A.; Ankamwar,A.; Singh,A.; Ahmad, A. e Sastry,M.(2004)Biological synthesisof gold nanoprisms . *Nat. Mater.* **3**(7):482-488.

Shankar, S.S.; Rai. A.; Ahmad, A. e Sastry, M. (2005), Controlo das propriedades ópticas de nanotriângulos de ouro sintetizados com extrato de erva-limão e potencial aplicação em revestimentos ópticos absorventes de infravermelhos. *Chen.Mater.* **17**(3):566-572.

Sakaguchi, T.; Nakajima, A. e Tsuruta, T.(1995), Uptake and recovery of gold by immobilized persimmon tannin. Em Schneider, C. L. e King, R. P. (ed.), Proceedings ofXIX[th] International Mineral Processing Congress:49-52.

Sakaguchi, T.; Tsuji, T.; Nakajima, A. e Horikoshi, T. (1997) Acumulação de cádmio por microalgas verdes. *Eur.J. Appl. Microbiol.***8**:207-211.

Sardi, P.; Saracchi, M.; Quaroni, S.; Petrolini, B.; Borgonovi, G. e Merli, S. (1992), Isolamento de estirpes de Streptomyces endofíticas de raízes esterilizadas à superfície. *Appl. Envirom. Microbiol.* **58**: 2691-2693.

Sastry, M.; Ahmad, A.; Islam, N.l. e Kumar, R. (2003). Biossíntese de nanopartículas metálicas utilizando fungos e actinomicetos. *Current Sci.* **85**:162-170.

Sastry, M.; Patil, V.e Sainkar, S.R.(1998), Electrostatically controlled diffusion of carboxylic acid derivatized silver colloidal particles in thermally evaporated flatamine films. *J Phys Chem.* **102**:1404-1409.

Schroder, I.; Johnson, E. e De Vries, S. (2003), Microbial ferric iron reductases. *FEMS Microbiol Rev* **27**:427-447.

Schuler, D. e Frankel, R.B. (1999), Bacterial magnetosomes: microbiology, biomineralization and biotechnological applications. *Appl. Microbiol. Biotechnol*.**52**:464-468.

Scott, J. A.; Planner, S. J. e Ingham, J. (1986), Decontamination of liquid streams containing cadmium by biomass adsorption. *J. Chem. E. Symp.* **96**: 211220.

Seeman, N.C. e Belcher, A.M. (2002), Emulating biology: building nanostructures from the bottoms-up. *PNAS.***99**:6451

Sexena, M.M. (1998), Environmental Analysis Water, Soil and Air. *Agro Botanica* (Pub) Bikaner, Índia.

Sharma, P.K.; Balkwill, D.L.; Frenkel, A. and Vairavamurthy M.A. (2000), A New *Klebsiella planticola Strain* (Cd-1) Grows anaerobically at high Cadmium concentrations and precipitates Cadmium Sulfide. *Appl. Env. Microbiol.* **66**:3083-3085.

Shejul, M.S. and Kapadnis, B.P. (1998), Studies on Heterotrophic Filamentous Procaryotes from aquatic habitat. Tese de doutoramento. Universidade de Poona, Poona.

Shi, W.; Sahoo, Y.; Swihart, M. T. e Prasad, P. N.(2005), Gold nanoshells on polystyrene cores for control of surface Plasmon resonance. *Langmuir.* **21** (4): 1610-1617.

Shikata, F.; Tokumitsu, H.; Ichikawa, H.e Fukumori, Y.(2002), Invitro cellular accumulation of gadolinium incorporated into chitosan nanoparticles designed for nutron capture theorapy of cancer. *Eur. J. Pharm. Biopharm.* **53** (1) : 57-63.

Shirling, E.B. e Gottlieb, D. (1966), Methods for characterization of Streptomyces species. *Int.J. Syst. Bacteriol.* **16**: 313-340.

Shirling, E.B. e Gottlieb, D. (1970), Report of the International Streptomyces Project. Cinco anos de investigação em colaboração com A311. In: The Actinomycetales (Prauser, ed): 79-90.

Silver, S. (2000), Bacterial heavy metal resistance system and possibility of bioremediation In: *Biotechnol, Bridging research and applications.* **1191**: 205-287.

Silver, S.(1991), Plasmid determined metal resistnace mechanism range and overviews. *Plasmídeo.* **27** : 1-3.

Silvey, J.K.G. and Roach, A.W. (1975), The taste and odor producing aquatic actinomycetes. *Critical Rev. in Environ. Control.* **5**: 233-275.

Simkiss ,K. e. Wilbur, K. M.(1989), Biomineralization, Academic Press, New York.

Sing, P.J. and Melhrotra, R.S. (1980), Biological control of *Rhizoctonia botaticola* on grain by coating seed with Bacillus and Streptomyces sp. and their influence on plant growth. *PlantSoil.* **56**: 475-483.

Singh, S.; Sandhu, M.S.; Singh, M. and Harchand, R.K.(1991), Thermophilic actinomycetes associated with agro-environment of Punjab state

(India).*J.BasicMicrobiol.* **31**(5): 391-398.

Slawson, R.M.; Trevors, J.T. and Lee, H. (1992),Silver accumulation and resistance in *Pseudomonasstutzeri arch microbiol.***158**(6): 398-404

Snow, E. S.; Novak, J. P.; Campbell, P. M. e Park, D. (2003), Liquid crystalline processing of highly oriented carbon nanotubules arrays for thin film transistors. *Appl. Phys. Lett.* **82:**2145-2149.

Sommer, P.; Bormann, C. and Gotz, F. (1997), Genetic and biochemical characterization of a new extracellular lipase from *Streptomyces cinnamomeus. Appl. Environ. Microbiol* **.63**(9): 3553-3560.

Song Jackyeong; Hangyeon Weon; Sang-Hong Yoon; Dongsuk Park Seung Joo Go e Joo-wonsuch (2006), Phylogenetic diversity of thermophilic actinomycetes thermoactinomycetes spp. Isolated from mushroom composts in Korea based on 16S rRNA gene sequence analysis. *FEMS microbiol.* **202**(1):97-102.

Southam, G.e Beveridge, T. J.(1996), Geochimica et Cosmochimica Ata **60**: 4369-4372.

Souza, GIH.; Marcato,P.D.; Duran, N. e Esposito, E.(2004), Utilização de *Fusarium oxysporum* na biossíntese de nanopartículas de prata e suas atividades antibacterianas. In IX Encontro Nacional de Microbiologia Ambiental Curtiba, PR (Brasil); Resumo :**25**.

Stackebrandt, E. and Kroppenstedt R.M (1987), Union of the genera Actinoplanes Couch, Ampullariella Couch and Amorphosporangium Couch in a redefined genus Actinoplanes. *Syst. Appl. Microbiol.* **9**: 110-114.

Stark, W.H. and McCoy, E. (1938), Distribution of bacteria in lakes of northern Wisconsin. *Zentralbl. Bakteriol. Parasitenkd. Infektionskr. Hyg.* Abt. II. **98**: 201-209.

Steytr, U. B.; Stentonw; Pum, D.; (1997), *Nature.* **381**: 585-587.

Stroud, RM e Hanbicki, AT (2002), Redução da eficiência de injeção de spin por dispersão de spin de defeito de interface em diodos emissores de luz polarizados por spin ZnMnSe⁄AlGaAsGaAs. *Phys. Rev. Lett.* **89**,166602-1 a 166602-4.

Stutzenberger, F.J. (1970), Cellulose production by *Thermomonospora curvata* isolated from municipal solid waste compost. *Appl. Microbiol* **22**:147150.

Subba Rao, N.S. (1995), Biofertilizers in Agriculture and Forestry, Oxford and IBH Publishing Co. New Delhi.

Szabo, Z. (1984), Ocorrência de Micromonosporae produtores de gentamicina no Lago Balaton (Hungria Ocidental). *J.Allg. Mikrobiol.* **24**(9): 649-53.

Szaniszlo, P.J. e Gooder, H. (1967), Cell wall composition in relation to the taxonomy of some Actinoplanaeae.*J. Bacteriol.***94**: 2037-2047.

T. Klaus; Joeger, R.; Olsson, E. e Granqvist C. G. (1999), Silver based Crystalline nanoparticles microbially fabricated. *Proc. Natt. Acad. Sci.* **96** : 1361113615.

Tajima, K. Y.; Takahashi, A.; Seino,Y.; Iwai e S. Omura (2001), Descrição de duas novas espécies do género *Kitasatospora omara* 1982, *Kitasatospora cineraceas* Sp. Nov. e *K. niigatensis* sp. nov. *Int.J. Syst. Evol. Microbiol.* **51**: 1765-1771.

Takeda, T.; Kondow, T. e Mafune, F.(2006), Degredation of protein in nanoplasma generated around gold nanoparticles in solution by laser irradiation. *J. Phy. Chem B. Condens Matter Mater. Surf interfaces Biophys.* **9**: 110 (5).

Takehiko Tsurata (2005), Separação de Elementos de Terras Raras de Microorganismos. *J. Nucl. and Radiochem. Sci.* **6**(1) : 81-84.

Tamura, T.; Hayakawa, M. and Hatano, A.(2001), Novel genus of the order Actinomycetes *Virgosporangium* gen. nov., with description of *V. irgosporangium ochraceum* spp. Nov. and *Virgospoangium aurantiacum* spp. Nov. *Int.J. Syst. Evol. Microbial.***51**: 1809-1816.

Thompson, D. A. e Best, J. S. (2000), The structure of magnetic data storage. *IBMJ. Res. Develop.* **44**: 311-322.

Thompson, J.; Charles Dorisfink; Lieum, D. e guyen, D. N.(2002), Principles of microbial alchemy insights from the *Streptomyces coelicolor* genome sequence. *Genome Biol.* **3**: 10201-10204.

Thostenson, E. T.; Ren, Z. e Chou, T. W. (2001), Advances in the science and technology of carbon nanotubes and their composites: a review. Composites *Sci. Technol.* **61**: 1899-1992.

Tobin J., Cooper, D.G. e Neufelld R.J. (1984), Uptake of metal ions by *Rhizopus arrhizus biomass. Appl. Env. Microbiol.* **47**:821-826.

Tolles, W. M. e Rath, B. B. (1999), Nanomaterials: Synthesis, Processing and Applications (eds Edelstein, A. S. and Cammarata, R. C.), *Inst. Of Phys.* : 545-553.

Tsao, P. H.; Leben, C. and Keitt, G. W.(1966), An enrichment method for isolating actinomycetes that produce diffusible antifungal antibiotics, *Phytopathol.* **50** : 88-89.

Tsao, P.H.; Leben, C. and Keitt, G.W. (I960), An enrichment method for isolating actinomycetes that produce diffusible antifungal antibiotics. *Phytopath.* **50**:88-92.

Tsurata T.(2004), Biosorption and recycling of gold using various microorganism./. *Gem. Appl. Microbiol.* **50** : 221-228.

Tsuruta, T. (2002), Removal and recovery of uranyl ion using various microorganisms./. *Bioeng.* **94**:3-28.

Tsuruta, T.(2003), Accumulation of thorium ion using various microorganisms./. *Gen. Appl. Microbiol.* **49**: 215-218.

Tsuruta, T.(2005), Seperation of rare earth elements by microorganisms./. *Nucl. Radiochem. Sci.* **6**: 81-84 .

Vickers, J. C.; Williams, S. T. e Ross, G. W. (1984), A taxonomic approach to selective isolation of Streptomycetes from soil. *Bio, Biochem, Biomed Aspect. ofActino,* Academic Press Orlando : 553-561.

Vijayan, V. e Balaraman, K. (1991), Metabolitos de fungos e actinomicetos activos contra larvas de mosquitos. *Ind./. Med. Res.***93**: 115-117.

Vining, L. C. (1990), functions of secondary metaboties *Annu. Rev. microbiol.* **44**: 395-427.

V obis, G. (1984), Esporogénese nas espécies de Pilimelia. In: L. Ortiz-Ortiz, L.F.Bojalil e V. Yakoleff (eds.) Biological, Biochemical and Biomedical Aspects ofActinomycetes.Academic Press, Inc. Orlando: 423-439.

V obis, G. (1989), The Actinoplanetes. In: S.T. Williams, M.E. Sharpe e J.G. Holt (eds.)

Bergey's Manual of Systematic Bacteriology. The Williams & Wilkins Co., Baltimore. **4**: 2418-2428

V obis, G. (1991), O gênero Actinoplanes e gêneros relacionados. In: A.Balows, H.G.Truper, M. Dworkin, W. Harder e K.H. Schleifer (eds.) The Prokaryotes. A Handbook on the Biology of Bacteria: Ecophysiology, Isolation, Identification, Applications. Springer-Verlag, Berlim, **IL** 10291060.

V obis, G. and Kothe, H.W. (1989), Genus Ampullariella Couch In: S.T. Williams, M.E. Sharpe e J.G. Holt (eds.) Bergey's Manual of Systematic Bacteriology. The Williams & Wilkins Co., Baltimore, Vol. **4**:2429-2433.

Volesky, B. e Holan, Z. R. (1995), Biosorption of heavy metals. *Biotechnol. Progr*.**11**:235-240.

Walters, D. A.; Ericson, L. M.; Casavant, M.).; Liu,).; Colbert, D. T.; Smith, K. A. e Smalley, R. E. (1999), Elastic strain of freely suspended single-wall carbon nanotube ropes. *Appl. Phys. Lett.***74**: 3803-3805.

Wang, L.; Bao,).; Zhang, F. e Li,Y.(2006), One pot synthesis of Bio application of amine functionalized magnetite nanoparticles and Hallow nanospheres C *hem.* :128-135.

Wans, Huang), Guo M., Zhang H., CaoY., YanH., e Liu K.,(2006), Biocampatible superpara magnetic iron oxide nanoparticel dispersions stabilized with poly ethylene glycol oligo (aspartic acid) hybrids./. *Biomed. Mater. Res.*: 256-260.

Webster, S.; Nicole Kate; Wilson,); Linda, L.; Blackall, Russell e T. Hill (2001), Phylogenetic diversity of bacteria associated marine *Rhopaleides odorabile. Appl.Env.Microbiol.* **67**(1): 434-444.

Weisburg, W. G.; Barn, S. M.; Pelletier, D. A. e Lane, D.).(1991), 16 S ribosomal DNA amplification for phylogenetic study. *J. Bacteriol* **173**(2): 697-703.

Weiser,). e Matha, V. (1988), Tolypin um novo metabolito inseticida de fungos do gênero Tolypocladium.*J. nvertebr. Pathol.***51**: 94-96.

Weyland, H. (1969), Actinomycetes in North Sea and Atlantic ocean Sediments. *Nature*: 233-258.

Whaley, S. R.; English, D. S.; Hu, E. L.; Barbara, P. F. e Belcher, A. M. (2003),Seleção de péptidos com especificidade de ligação a semicondutores para montagem dirigida de nanocristais. *Nature* **405**: 665-668.

White, C. e Gadds, G. M. (1990) Biosorção de radionuclídeos por biomassa fúngica.). *Chem. Technol. Biotechnol.* **49**: 331-343.

White, C.; Sayer,).A. and Gadd, G.M. (1997),Microbial solubilization and immobilization of toxic metals :key biogeochemical processes for treatment of contamination. *FEMS Microbiol.* Rev.**20**: 503 -516.

Whitesides, G. M. e Grzybowski, B.(2002), Self-assembly at all scales. *Science*, **295**: 2418-2421.

Whitesides, G. M. e Love,). C.(2001), The art ofbuilding small. *Sct. Am.*:39-47.

Williams, G.R. (1986), The biodeterioration of rubbers. In: Biodeterioration and Biodegradation of plastics and polymers (K.J. Seal, ed), *Biodeterioration Society Occasional Publication* **1**:37-50.

Williams, S.T. (1978), Streptomycetes in the soil ecosystem. *Zentralbl. Bakteriol. Parasitenkd. lnfektionskr. Hyg.* Abt. 1 Suppl. **6**: 137-144.

Williams, S.T. (Editor). (1989) Bergey's Manual of Systematic Bacteriology Volume **4**. Williams and Wilkins, Baltimore.

Williams, S.T. e Cross, T. (1971), Actinomycetes. In: Methods in Microbiology **4**:195-334. Academic Press, Londres.

Williams, S.T. e Cross, T. (1971), Isolamento, purificação, cultivo e preservação de actinomicetos. *Methods Microbiol.***4**:295-334.

Williams, S.T.; Locci, R.; Beswick, A.; Kurtbake,D.I.; Kusnetsov, V.D.; Le Monnier F.J.; Long, P.F.; Maycroft, K.A.; Palma, R.A.; Petrolini, B.; Quaroni, S.; Todd, J.I. e West, M. (1993) Deteção e identificação de novos actinomicetes. *Res. Microbiol* **144**: 653-656.

Williams, S.T.; Goodfellow, M.; Anderson, G.; Willington, E.M.H.; Sneath, P.H.A. e Sackin M.J. (1983), Numerical classification of Streptomyces and related genera. *JournalofGeneralMicrobiology.* **129**: 1743-1813.

Williams, S.T.; Lanning, S. e Willington, E.M.H. (1984), Ecology of actinomycetes. In: The Biology of the Actinomycetes (Goodfellow, M., M. Mordarski e S.T. Williams, eds): 481-528. Academic Press, Londres.

Willner, I.; Willner, B. e Katz, E. (2006), Biomolecule nanoparticle hybrid systems forbioelectronics applications. *Bioelectrochem*: 156-166.

Willoughby, L. G. (1966), A conidial Actinoplane isolate from Blelham Tran *J. Gen Microbiol.***44**: 69-72.

Willoughby, L.G. (1968), Aquatic Actinomycetales with particular reference to the Actinoplanaceae. *Veroeff. Inst. Meersforsch. Bremerhaven.* **3**: 19-26.

Willoughby, L.G. (1969), A study on aquatic actinomycetes of Blelham Tarn. *Hydrobiologia*. **34**:465-493.

Willoughby, L.G. (1969), A study on aquatic actinomycetes, the allochthonous leaf component. *Nova Hedwigia.* **18**: 45-113.

Willoughby, L.G. (1974), Decomposition of litter in freshwater. In: Biology of plant Litter Decomposition **2** (Dickinson, C.H. and C.J.F. Pugh eds): 659681.

Willoughby, L.G. (1976), Actinomicetos de água doce. In: Recent Advances in Aquatic Mycology (Gareth Jones, eds): 673-98.

Wilson, W. Rebecca; Jean Baldus Patel; Richard, J.; Wallace, Jr.; Barbara; Brown - Elliott; Tony-Taylor; Carol Imperative Deborach e Leonard, G. B.(2004), Sequence based identification of Aerobic actinomycetes. Barbara; Brown - Elliott; Tony-Taylor; Carol Imperative Deborach e Leonard, G. B.(2004), Sequence based identification of Aerobic actinomycetes. *J. cli. Microbiol.* **6**:2530-2540.

Xu, L.H.; Li, Q. e Jiang, C.L. (1996), Diversidade de actinomicetos do solo em Yunnan. China. *Appl. Environ. Microbiol.* **62**:244-248.

Xu, L.H.; Tiang, Y.Q.; Zhang, Y.F.; Zhao, L.X. e Jiang, C.L (1998), *Streptomyces thermogriseus*, uma nova espécie do género Streptomyces do solo, lago e fonte termal. *Int.J.Syst. Bacteriol.* **48**(4): 1089-1093.

Yamaguchi, T. (1965), Comparação da composição da parede celular de actinomicetos morfologicamente distintos.*J. Bacteriol.* **89**:444-453.

Yanagase, K.; Yoshinaga, T.; Kawano, K. e Matsuoka, T. (1983), The recovery of lithium from geothermal water in the Hatchobaru area of Kyushu, Japan. *Bull. Chem. Soc.Jpn.***56**, 2490-2498 .

Yu, M.F.; files, B. S.; Arepalli, S. e Ruoff, R. S.(2000), Tensile loading of ropes of single wall carbon nanotubes and their mechanical properties. *Phys. Rev. Lett.* **84**: 5552-5555.

Yurong Ma e Helmut Colfen (2007), Biomemetic mineralization.*J. Mater. Chem.* 17: 415-449.

Z. L. Wang,(2000), In: Characterization of Nanophase Materials, Ed: Z. L. Wang, Wiley-VCH, Weingeim, Cap. 2.

Zaitlein, B.; Watson, S.B.; Dixon, J. e Steel, D.(2003), Actinomycetes in the Elbow River Basin Alberta Canada. *Nat. Qual. ResJ. Can.* **38**(1):115-125.

Zhao, J.; Buldum, A.;Han, J. and Lu, J. P.(2000), First-principle study of Li- intercalated carbon nanotube ropes. *Phys. Rev. Lett.* **85**: 1706-1709.

Zhou, J. e goldstrough, P. B. (1994), Functional homologs of fungal

gene de metalotioneína da célula vegetal de Arbidopsis. *Plant physiol.* **6**(6):875- 884.

Zizka, Z.; Weisers; Blumauerova, M. e Jizba, J. (1989), Efeitos ultra-estruturais de macroterrolídeos de Streptomyces grieseus LKS- 1 em tecidos de larvas de culex pipiens - atividade inseticida de preparação de monactina, dinactina, triactina e nonactina. *Cytobios.* **58** : 85-91.

Zotchev: Gene que codifica uma nistatina policetídeo sintase e sua manipulação, Patente número 7141660.

Zumberg, J. E.; Sieglo, A.C.; Nagy, B.e Miner(1978) Accumilation of inorganic particles in microbes. *Ci. Eng.* **10**: 223-227.

Zwart, E.; Kolmonenk e Sivonen J. Rupala (1999), Diversity of cyanobacteria and heterotrophic bacteria from blooms in lake. *Appl.Env.Microbiol.* **36**: 201-211.

More Books!
yes
I want morebooks!
Buy your books fast and straightforward online - at one of world's fastest growing online book stores! Environmentally sound due to Print-on-Demand technologies.
Buy your books online at
www.morebooks.shop
Compre os seus livros mais rápido e diretamente na internet, em uma das livrarias on-line com o maior crescimento no mundo! Produção que protege o meio ambiente através das tecnologias de impressão sob demanda.
Compre os seus livros on-line em
www.morebooks.shop
info@omniscriptum.com
www.omniscriptum.com
OMNIScriptum

MIX
Papier aus verantwortungsvollen Quellen
Paper from responsible sources
FSC® C105338

Printed by Books on Demand GmbH, Norderstedt / Germany